1+X职业技能等级证书（智能制造系统集成应用）配套教材

智能制造系统集成应用

（中级）

组 编	山东栋梁科技设备有限公司
主 编	罗晓晔　薛彦登　刘　敏
副主编	王红霞　解永辉　王丽杨
	全鸿伟　马　辉　李启瑞
参 编	彭爱泉　谭建正　周照君　廉振芳
	权　宁　卫晓娜　王文华　雷丽萍
	杨　兵　王小刚　孔德芳　王瑞娟
	李晓雯
主 审	蒋作栋

机械工业出版社

《智能制造系统集成应用》系列教材分为初级、中级、高级三册，为满足 1+X 职业技能等级证书"智能制造系统集成应用"职业技能培训和智能制造类专业技术技能人才培养需求而编写，本书为其中的中级分册。本书以工作任务为驱动，以工作过程为引导，以"岗课赛证"融通为应用，以"六步工作法"新型活页式教材为形式，以职业技能等级证书培训考核配套设备"智能制造集成应用平台 DLIM-441"为载体，介绍了智能制造系统生产线层面的编程、调试和生产管理，包括智能制造系统仿真建模，数控机床、工业机器人、仓储单元的编程与调试，智能制造系统生产管理，智能制造系统故障检修等 6 个项目及 16 个学习任务。

本书可作为中等职业教育、高等职业教育（高等职业专科教育、高等职业本科教育）、应用型本科教育的机电设备类、自动化类、机械设计制造类等相关专业的学生课程学习、教师教学指导、1+X 证书培训的教材，并可作为从事智能制造技术相关工作的工程技术人员、生产技术人员、社会学习者的学习参考资料。

本书配有知识资料、视频等二维码教学资源和 PPT 课件，凡选用本书作为授课教材的教师，均可来电（010-88379375）或者登录机械工业出版社教育服务网（www.cmpedu.com）注册下载。

图书在版编目（CIP）数据

智能制造系统集成应用：中级 / 山东栋梁科技设备有限公司组编；罗晓晔，薛彦登，刘敏主编 . —北京：机械工业出版社，2022.3（2025.3 重印）
1+X 职业技能等级证书（智能制造系统集成应用）配套教材
ISBN 978-7-111-70319-8

Ⅰ.①智… Ⅱ.①山… ②罗… ③薛… ④刘… Ⅲ.①智能制造系统 – 职业技能 – 鉴定 – 教材 Ⅳ.① TH166

中国版本图书馆 CIP 数据核字（2022）第 039983 号

机械工业出版社（北京市百万庄大街 22 号　邮政编码 100037）
策划编辑：王宗锋　　　　　　责任编辑：王宗锋　章承林
责任校对：王　延　张　薇　　封面设计：鞠　杨
责任印制：刘　媛
涿州市般润文化传播有限公司印刷
2025 年 3 月第 1 版第 4 次印刷
184mm×260mm · 15.75 印张 · 390 千字
标准书号：ISBN 978-7-111-70319-8
定价：49.90 元

电话服务　　　　　　　　　　网络服务
客服电话：010-88361066　　　机 工 官 网：www.cmpbook.com
　　　　　010-88379833　　　机 工 官 博：weibo.com/cmp1952
　　　　　010-68326294　　　金 书 网：www.golden-book.com
封底无防伪标均为盗版　　机工教育服务网：www.cmpedu.com

1+X 职业技能等级证书（智能制造系统集成应用）配套系列教材（初级、中级、高级）

编审委员会

前　言

在科技发展日新月异的今天，随着数字化、网络化、智能化技术的兴起，智能制造应运而生。作为制造领域的顶级生态模式，智能制造达到了目前人类所能想象的制造水平的最高境界，在全球范围内发展势头之猛超出了想象，从德国"工业4.0"、美国"工业互联网"、日本"智能制造系统"，到我国的"中国制造2025"，世界各国纷纷抢占制高点。智能制造所引发的不仅是技术突破和传统产业改造，而且是在产品生产、管理和服务全过程中生产方式、人机关系和商业模式的彻底变革，并对社会生产、人类生活和历史进步产生巨大的推动作用。

在智能制造产业蓬勃发展之际，智能制造技术应用领域人才培养成为职业教育的重要任务。其中，制定职业技能等级标准，设立相关领域的职业技能等级证书，开展职业教育与职业技能培训，开发基于典型工作任务和职业标准的课程与教材，实施工作任务导向的教学进程，是人才培养工作的需要、"岗课赛证"融通的必要、1+X证书制度的要求，也是本系列教材编写的出发点和落脚点。

1+X职业技能等级证书"智能制造系统集成应用"由济南二机床集团有限公司作为培训评价组织开发立项，山东栋梁科技设备有限公司作为《智能制造系统集成应用职业技能等级标准》主要起草单位，组织编写了本套对应职业技能等级标准、具有"岗课赛证"融通特色的活页式系列教材。

《智能制造系统集成应用》系列教材对应职业技能等级，分为初级、中级、高级三册，由校企合作编写，是面向工业机器人、数控机床、智能制造生产线等智能设备制造企业、智能制造系统集成企业、智能制造设备及生产线应用企业的岗位需求，以契合工作领域、完成工作任务和提高职业能力为目标，按照专业人才培养目标和职业技能等级标准，以项目学习、任务驱动为架构，以"六步工作法"工作过程为引导，以职业技能等级证书培训考核配套设备"智能制造集成应用平台DLIM-441"为载体，以"任务页—信息页—计划页—决策页—实施页—检查页—评价页—知识页"为结构的系列活页式教材，配备二维码教学资源和PPT课件，将学习与工作融为一体推进学习进程，使学习者在完成任务过程中获得智能制造系统集成应用领域相关职业的知识、能力、素质。

《智能制造系统集成应用》系列教材中的初级、中级、高级三册具有职业能力成长进阶关系，并分别与智能制造系统集成应用职业技能等级标准初级、中级、高级相对应，可作为中等职业教育、高等职业教育（高等职业专科教育、高等职业本科教育）、应用型本科教育的机电设备类、自动化类、机械设计制造类等相关专业的学生课程学习、教师教学指导、1+X证书培训的教材，并可作为从事智能制造技术相关工作的工程技术人员、生产技术人员、社会学习者的学习参考资料，是课程学习、能力培养、证书培训与考核的必备教材。

　　《智能制造系统集成应用》中级由职业院校专家、骨干教师、行业专家、企业工程师共同策划和编写，主要编写人员有罗晓晔、薛彦登、刘敏、王红霞、解永辉、王丽杨、全鸿伟、马辉、李启瑞、彭爱泉、谭建正、周照君、廉振芳、权宁、卫晓娜、王文华、雷丽萍、杨兵、王小刚、孔德芳、王瑞娟、李晓雯，由烟台职业学院刘敏和山东栋梁科技设备有限公司王亮亮统稿，山东栋梁科技设备有限公司蒋作栋主审。感谢各院校和企业对本书编写工作的支持！感谢各位编者和专家的辛勤工作！

　　受编写水平和编写时间所限，书中难免有不当之处，欢迎读者批评指正。

编　者

二维码索引

序号	名称	图形	页码	序号	名称	图形	页码
1	智能制造系统、数字化双胞胎仿真软件简介，机构建模与参数设置实例		任务 1 P19	10	数字双胞胎仿真技术平台的智能制造系统仿真运行		任务 4 P58
2	零件加工智能制造系统工作过程		任务 1 P19	11	数字化双胞胎建模与虚实结合		任务 4 P58
3	数字化双胞胎技术应用平台		任务 1 P19	12	数控编程内容与步骤，数控机床坐标系和工件坐标系，数控加工程序，数控机床 / 加工中心操作，安全操作		任务 5 P72
4	数字化双胞胎技术软件介绍		任务 1 P19	13	零件数控加工		任务 5 P72
5	数字化双胞胎技术的实时双向联系的概念，PLC与数字化双胞胎仿真软件的连接方法，监控表与强制表的区别		任务 2 P35	14	在线测量系统基础知识		任务 6 P85
6	PLC 与数字化双胞胎软件 I/O 地址映射		任务 2 P35	15	工业机器人基础知识，WorkVisual 软件介绍		任务 7 P99
7	PLC 仿真编程与调试		任务 2 P35	16	工业机器人编程、工业机器人调试的知识		任务 8 P112
8	数字化双胞胎技术应用平台简介，编写工业机器人仿真程序		任务 3 P49	17	智能仓储站		任务 9 P133
9	工业机器人仿真编程与调试		任务 3 P49	18	仓储单元机械手取放料		任务 9 P133

（续）

序号	名称	图形	页码	序号	名称	图形	页码
19	MCGS触摸屏的基本知识		任务10 P153	23	MES的特点，BOM的分类，MES订单管理和MES生产管理		任务13 P201
20	CAD/CAM技术，BOM文件的基础知识		任务11 P174	24	数控机床故障检查相关要求，数控机床报警相关知识		任务14 P212
21	零件数字化设计与编程		任务11 P174	25	工业机器人的故障信息与故障处理		任务15 P224
22	MES应用，MES数据采集与可视化		任务12 P188	26	智能制造系统维护，数控机床主要部件，工业机器人减速器与电动机更换，AGV无线模块设置		任务16 P239

目 录

项目 1

智能制造系统仿真建模

项目 1　智能制造系统仿真建模		任务 1～任务 4	
姓名：	班级：	日期：	项目页

项目导言

　　本项目面向零件加工智能制造系统集成应用平台，以应用数字仿真软件进行智能制造系统仿真建模为学习目标，以任务驱动为主线，以工作进程为学习路径，对智能制造系统建模与参数设置、PLC 仿真编程与调试、工业机器人仿真编程与调试、智能制造系统仿真运行与调试等学习内容分别进行了任务部署，针对各项学习任务给出了任务要求、学习目标、工作步骤（六步工作法）、评价方案、学习资料等工作要求和学习指导。

项目任务

　　1. 智能制造系统建模与参数设置

　　2. PLC 仿真编程与调试

　　3. 工业机器人仿真编程与调试

　　4. 智能制造系统仿真运行与调试

项目学习摘要

任务1　智能制造系统建模与参数设置

项目1　智能制造系统仿真建模		任务1　智能制造系统建模与参数设置	
姓名：	班级：	日期：	任务页　1

学习任务描述

随着数字化、网络化、智能化技术的发展，智能制造成为制造业领域顶尖的生态模式，在全球呈爆发增长的势头，我国将智能制造作为建设制造强国的主攻方向。数字化双胞胎仿真技术是智能制造技术应用和学习的重要平台。本学习任务要求面向零件加工智能制造系统集成应用平台，掌握应用数字仿真软件进行系统建模，以及对各零部件的运动关系、物理属性、电气属性进行相关参数设置的方法，为实现数字化双胞胎仿真技术虚实结合应用做好准备。

学习目标

1）回顾并了解零件加工智能制造系统集成应用平台（可参照 DLIM-441 系统集成应用平台）的结构组成与工作过程，并了解系统中各零部件、元件的功能和属性。

2）熟悉数字仿真软件的界面、菜单及常用功能，了解数字化双胞胎的含义。

3）应用数字仿真软件进行系统建模，包括模型导入、零部件定义和模型体系构建等。

4）对系统模型体系（例如三维机械手）设置其运动关系、物理属性和电气属性参数。

5）参照三维机械手的建模方法，尝试对 AGV 升降机构（或被加工零件组件）进行建模与参数设置。

任务书

面向零件加工智能制造系统集成应用平台，在数字仿真软件中将零部件模型导入，并定义和命名其中的各零部件，分类建立模型体系，分配到特定工作站，设置机械手三维模型中各轴之间的子父级关系、各轴运动参数和传感器参数，并通过仿真运行查看效果。

思考并尝试对 AGV 升降机构（或被加工零件组件）进行建模与参数设置。

任务分组

班级学生分组，可 4～8 人为一组，轮流担任组长，使每人都有机会锻炼自己的组织协调能力和管理能力。各组任务可以相同，也可以不同，任务分工见表 1-1。每人明确自己承担的任务，注意培养独立工作能力和团队协作能力。

项目 1　智能制造系统仿真建模		任务 1　智能制造系统建模与参数设置	
姓名：	班级：	日期：	任务页　2

表 1-1　任务分工

班级		组号		任务	
组长		时间段		指导教师	
姓名、学号	任务分工				备注

学习准备

1）在生产现场或从视频中观看并回顾零件加工智能制造系统集成应用平台（可参照 DLIM-441 系统集成应用平台）的结构组成与工作过程，并了解系统中各零部件、元件的功能和属性。培养细致观察和识别能力。

2）在数字仿真软件方面，下载并安装数字化双胞胎仿真软件，熟悉软件的界面、菜单及常用功能。可通过同类软件的比较来了解软件的功能特点，了解数字化双胞胎的含义。

3）制订工作计划并分析应用数字仿真软件进行系统建模的方法，培养制订计划和方案的能力。

4）在教师指导下，进行模型导入、零部件定义和模型体系构建，设置零部件运动关系、物理属性和电气属性参数，并注重培养认真工作的职业态度。

5）在小组中进行仿真运行，检测效果，解决建模及参数设置中存在的问题，注重勤于思考，过程性评价，以及安全、节约、环保意识的养成。

6）小组合作，参照三维机械手的建模方法，尝试对 AGV 升降机构（或被加工零件组件）进行建模与参数设置，培养举一反三的学习能力和团队协作解决问题的能力。

项目1 智能制造系统仿真建模	任务1 智能制造系统建模与参数设置	
姓名： 班级：	日期：	信息页

获取信息

?引导问题1：查阅资料，回顾并了解智能制造系统集成应用平台的结构组成与工作过程，以及常见机械部件和电气元件的装配类属关系。

?引导问题2：自主学习数字仿真技术的应用知识，说明数字化双胞胎的含义。

?引导问题3：安装数字化双胞胎仿真软件，了解软件界面、菜单及常用功能。

?引导问题4：在三维机械手模型中，X轴、Y轴、Z轴之间的子父级是什么样的关系序列？

小提示

数字化双胞胎仿真软件窗口菜单功能如下：

数字化双胞胎仿真软件窗口菜单如图1-1所示，包含"文件""视角""仿真""添加""编辑定义""生成"等菜单。

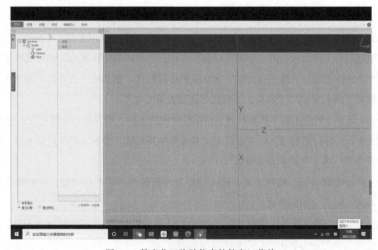

图1-1 数字化双胞胎仿真软件窗口菜单

1）打开"文件"菜单，可以看到"新建""打开""保存""关闭"，以及"许可证""关于"等命令。

2）打开"视角"菜单，有经常使用的"属性配置"和"打开3D对象"命令。模型导入之后，通过"属性配置"命令可以进行物理属性的关联与设置。

3）打开"仿真"菜单，有"运行"命令、"停止"命令。

4）打开"添加"菜单，有基本形体，如"三角形""圆形""方形"等简单的数模建立命令，以及"控制器"的添加命令、"人机交互界面"的添加命令等。

5）打开"编辑定义"菜单，有常规的"剪切""复制"以及"生成"命令。

6）打开"生成"菜单，可将做好的模型生成VR或AR的一些视角。

项目 1　智能制造系统仿真建模		任务 1　智能制造系统建模与参数设置	
姓名：	班级：	日期：	计划页

工作计划

　　按照任务书要求和获取的信息，制订工作计划，包括零部件 3D 模型导入，零部件定义，模型体系构建，模型子父级关系、运动模型、运动参数、传感器等参数设置和属性设置，仿真运行等工作内容和具体步骤，完成工作计划。模型导入与参数设置工作计划见表 1-2，重要参数设置明细计划见表 1-3。

表 1-2　模型导入与参数设置工作计划

步骤名称	工作内容	负责人

表 1-3　重要参数设置明细计划

序号	名称	项目或参数设置的范围及意义	备注

项目 1　智能制造系统仿真建模	任务 1　智能制造系统建模与参数设置
姓名：　　　　　班级：	日期：　　　　　　　决策页

进行决策

　　对不同组员的"模型导入与参数设置工作计划"和"重要参数设置明细计划"进行对比、分析和完善，形成小组决策，作为工作实施的依据。列出计划对比分析，见表 1-4。模型导入与参数设置方案见表 1-5，重要参数设置明细见表 1-6。

表 1-4　计划对比分析

组员	计划中的优点	计划中的缺陷	优化方案

表 1-5　模型导入与参数设置方案

步骤名称	工作内容	负责人

表 1-6　重要参数设置明细

序号	名称	项目或参数设置的范围及意义	备注

　　? 引导问题 5：模型导入数字化双胞胎仿真软件之后，如何通过鼠标操作从不同视角观看模型？

小提示

　　数字化双胞胎仿真软件常用操作如下：

　　1）对模型的位置与角度进行调节：按住鼠标右键拖动可以将模型旋转、场景旋转；按住鼠标滚轮，可以进行模型和场景的移动；利用鼠标滚轮前后旋转，可以将模型放大或缩小。

　　2）查看模型最佳视角：单击选中模型，右击选择"最佳视角"，可以快速切换到模型的最佳视角。

　　3）单击界面左侧的"库"，可以看到常规的库文件和常用零部件库，并且可以根据需要添加。

项目 1　智能制造系统仿真建模	任务 1　智能制造系统建模与参数设置		
姓名：	班级：	日期：	实施页　1

工作实施

应用数字化双胞胎仿真软件，智能制造系统仿真建模与数字仿真系统模型参数设置的步骤如下：

1. 导入零部件 3D 模型

打开数字化双胞胎仿真软件，将 CAD 软件设计的机械零部件 3D 模型导入。

小提示

导入零部件 3D 模型的操作步骤如下：

1）打开数字化双胞胎仿真软件，选择"视角"菜单中的"属性配置"命令，右击"World"，选择"导入"命令。

2）在显示的不同导入方式中，根据零件 3D 模型的文件格式做出选择。例如选择"从 SolidWorks 或者一个 3DXML 文件"导入，然后选择"导入 3DXML 文件"选项，再单击"下一步"按钮。

3）选择要导入的文件的路径，单击"自动计算比例因子"按钮，再单击"导入"按钮，即完成 3D 模型导入。3D 模型导入的操作如图 1-2 所示。

图 1-2　3D 模型导入的操作

项目 1　智能制造系统仿真建模		任务 1　智能制造系统建模与参数设置	
姓名：	班级：	日期：	实施页　2

2. 构建模型体系

零部件模型导入之后，把各类零部件按照机械装配关系进行分类，将各个零部件按类别组成模型体系，再分配到专门工作站中。如果导入模型时，机械设计提供的是已分类的部件 3D 模型，那么导入之后的也是已分类的部件。

通过对零部件模型的定义，建立新的模型体系，将设备平台上零部件归类到模型体系中，从而完成模型体系构建。

（1）零部件模型的定义　在数字化双胞胎仿真软件中，根据结构关系对其中各零部件模型进行定义和命名。

（2）新建模型体系　根据工作类别属性，在系统中建立新的模型体系，并予以命名，如"机器人站仓架"。

（3）模型体系的填充　向新建的"机器人站仓架"模型体系中添加其组成部分的零部件模型，从而完成"机器人站仓架"模型体系的组织构建。

> **小提示**

1）零部件模型定义命名的操作步骤。以 DLIM-441 零件加工智能制造系统集成应用平台（以下简称"系统"）为例，它主要由智能仓储站、智能物流站、工业机器人站和数控加工站四个工作站组成。在数字化双胞胎仿真软件中，可对系统中各零部件进行定义和命名，如在"机器人站"的平面库模型体系中，对其中部件"备料仓架"命名为"平面仓架"的操作：在 3D 模型左侧菜单中选中"备料仓架"，在"名称"文本框中输入"备料仓架"。零部件模型命名的操作如图 1-3 所示。

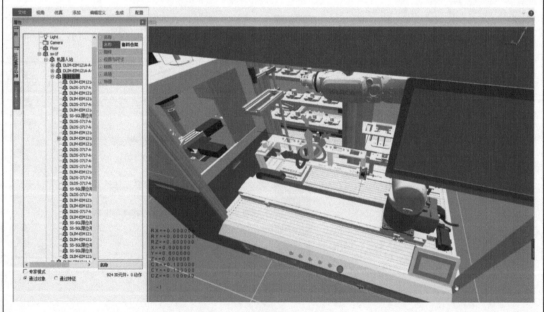

图 1-3　零部件模型命名的操作

项目 1 智能制造系统仿真建模		任务 1 智能制造系统建模与参数设置	
姓名：	班级：	日期：	实施页 3

2）新建模型体系的步骤。零部件模型定义之后，应将它归属到其对应机构的模型体系中。打开数字化双胞胎仿真软件的"文件"菜单，在 3D 模型图中，选中系统的整体主模型，在左侧菜单选择"添加"命令，单击"3D 元件"。例如将"3D 元件"命名为"机器人站仓架"，即在系统中新建了"机器人站仓架"模型体系，添加 3D 元件的操作如图 1-4 所示，新建模型体系命名的操作如图 1-5 所示。

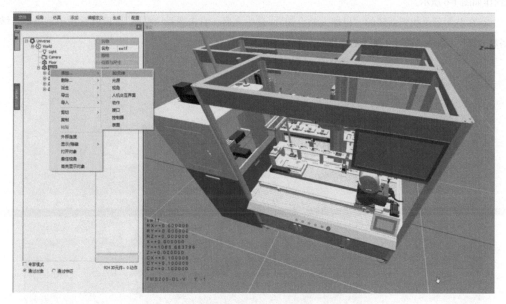

图 1-4 添加 3D 元件的操作

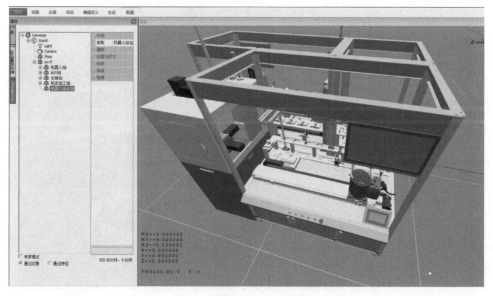

图 1-5 新建模型体系命名的操作

项目 1　智能制造系统仿真建模		任务 1　智能制造系统建模与参数设置	
姓名：	班级：	日期：	实施页　4

　　3）模型体系填充的步骤。在"机器人站仓架"模型体系新建及命名后，其内部还没有相应组成的零部件模型，此时可向模型体系添加零部件模型，如将前述"机器人站"里的"备料仓架"放入新建的"机器人站仓架"模型体系中。具体操作步骤如下：

　　① 在左侧菜单选择"机器人站"，右击"备料仓架"选择"剪切"，再选择"此 3D 元件"。剪切"备料仓架"的操作如图 1-6 所示。

　　② 在左侧菜单找到新建的"机器人站仓架"，选中之后，右击选择"粘贴"，可以看到子菜单里新增了"备料仓架"。粘贴"备料仓架"的操作如图 1-7 所示。

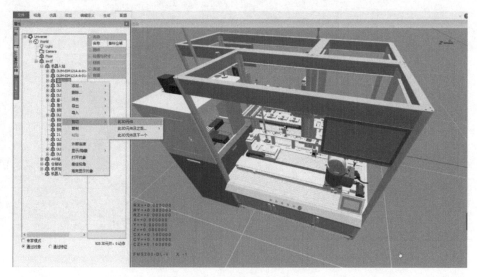

图 1-6　剪切"备料仓架"的操作

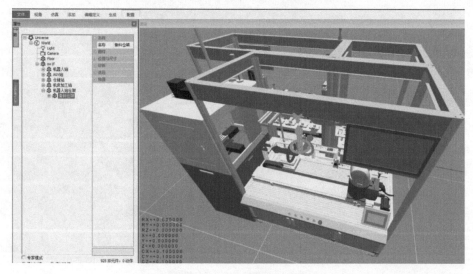

图 1-7　粘贴"备料仓架"的操作

项目 1　智能制造系统仿真建模		任务 1　智能制造系统建模与参数设置	
姓名：	班级：	日期：	实施页　5

3. 建立智能仓储工作站机械手模型子父级关系

在 DLIM-441 零件加工智能制造系统集成应用平台中，智能仓储工作站是由三轴机械手动作实现物料 / 零件取放的。机械手 X、Y、Z 三轴的定义如图 1-8 所示。

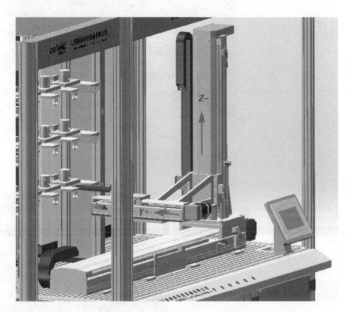

图 1-8　机械手 X、Y、Z 三轴的定义

在数字化双胞胎仿真软件中，打开主模型，看到"仓储站"下有"X 轴""Y 轴""Z 轴""仓储站台体"四个分类，子父级关系设置之前如图 1-9 所示。三个轴的子父级关系设置步骤如下：

1）将运动基础层的"X 轴"（左右运动，向左为正）作为最顶端的父级，在"X 轴"下添加"3D 元件"，将其命名为"X 轴附件"，再将之前"X 轴"下的元件剪切后粘贴至"X 轴附件"中。

2）做上下运动（向下为正）的"Z 轴"安装在"X 轴"上，"Z 轴"为"X 轴"的子级，将子级"Z 轴"剪切后粘贴至"X 轴"下。设置"Z 轴"为"X 轴"的子级，如图 1-10 所示。与上述类似，在"Z 轴"下添加"3D 元件"，将其命名为"Z 轴附件"，再将之前"Z 轴"下的元件剪切后粘贴至"Z 轴附件"中。

3）在"备料仓架"中取放料、做前后运动（向外为正）的"Y 轴"安装在"Z 轴"上，将子级"Y 轴"整体剪切后粘贴至"Z 轴"下，至此，三个轴的子父级关系搭建完毕，子父级关系设置之后如图 1-11 所示。

? 引导问题 6：创建"X 轴""Z 轴""Y 轴"子父级关系时，思考为何将 Z 轴设置为 X 轴的子级，Y 轴设置为 Z 轴的子级？

> **小提示**
>
> 创建运动关系时，子父级关系为机械运动载体的关系。需要注意一个细节：所创建的应是父级，在此父级位置，添加一个元件即为子级。点开各级之后进行本级参数设置，传感器均在当前父级目录的下一级。

项目 1 智能制造系统仿真建模	任务 1 智能制造系统建模与参数设置
姓名： 班级：	日期： 实施页 6

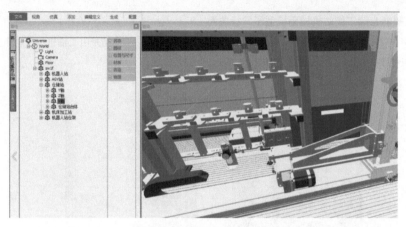

图 1-9   子父级关系设置之前

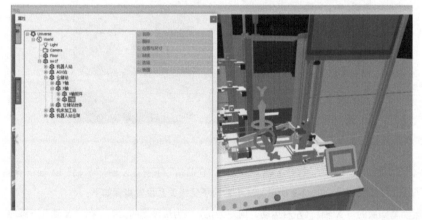

图 1-10   设置"Z 轴"为"X 轴"的子级

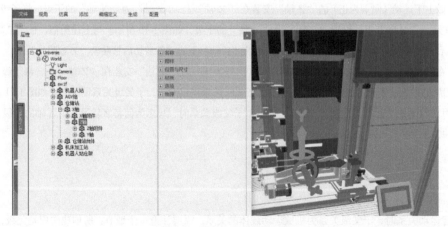

图 1-11   子父级关系设置之后

项目 1　智能制造系统仿真建模		任务 1　智能制造系统建模与参数设置	
姓名：	班级：	日期：	实施页　7

4. 设置 X 轴运动模型

1）X 轴动作类型设置如图 1-12 所示，在数字化双胞胎仿真软件中，单击"视角"菜单中的"属性"命令，单击"仓储站"下的"X 轴"，右击选择"添加"，单击"动作"，在"动作类型"对话框的"运动与位置"选项卡中，单击"沿 Z 轴运动"，之后单击"确认"按钮。

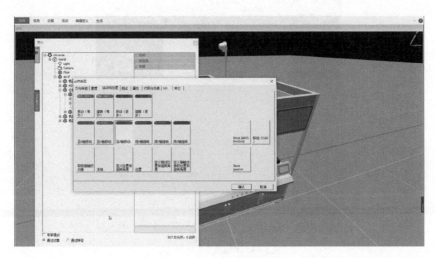

图 1-12　X 轴动作类型设置

2）X 轴运动辅助设置如图 1-13 所示，续上，打开"X 轴"对话框，单击"运动辅助设置"，依次单击"直线型""移动""位置""Z"按钮，设置"最小值"（反方向移动最大值）"最大值"（正方向移动最大值）的大小，之后单击"测试"按钮。

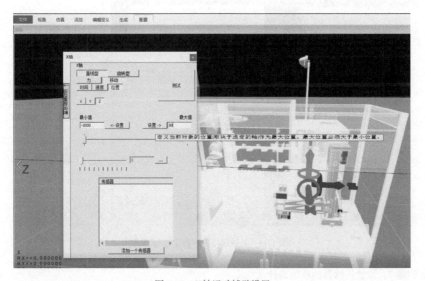

图 1-13　X 轴运动辅助设置

项目1 智能制造系统仿真建模		任务1 智能制造系统建模与参数设置	
姓名：	班级：	日期：	实施页 8

5. 添加 X 轴位置传感器

1）X 轴原点传感器设置如图 1-14 所示，续上，单击"添加一个传感器"按钮，设置相关参数："名称"为"X 轴原点"，"检测区域"为"–1"到"1"，单击"确认"按钮。

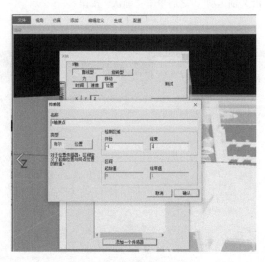

图 1-14   X 轴原点传感器设置

2）X 轴限位传感器设置与测试如图 1-15 所示，如上述方法，继续依次添加传感器，分别命名并设置相关参数："名称"分别为"X 轴左限位""X 轴右限位"，"检测区域"分别为"–1000"到"–999"和"49"到"50"，单击"确认"按钮。最后单击"测试"按钮，查看效果。

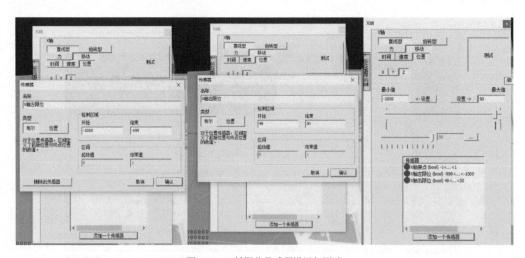

图 1-15   X 轴限位传感器设置与测试

? 引导问题 7：设置传感器的作用是什么？

项目 1　智能制造系统仿真建模		任务 1　智能制造系统建模与参数设置	
姓名：	班级：	日期：	实施页　9

6. 设置 X 轴运动参数

在 X 轴三个位置传感器设置之后，X 轴运动参数的设置如图 1-16 所示，选择"设置驱动模式"，在"移动控制类型（位置）"对话框中，选中"通过以下设定的值使用加速或减速形式……"复选按钮，按图 1-16 设置"最大速度""达到最大速度的时间""达到零速度的时间"。

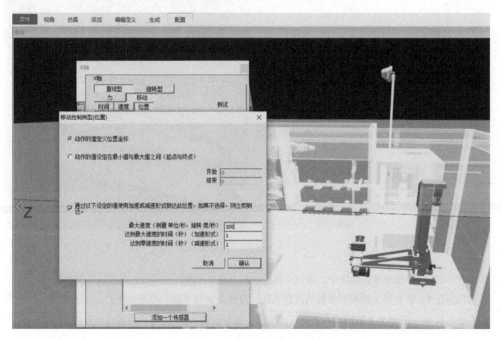

图 1-16　X 轴运动参数的设置

7. X 轴仿真运行

在 X 轴参数设置完成之后，进行仿真运行测试。选择"仿真"菜单下的"运行"命令，在弹出的对话框中，对"当前位置""最大速度"及"加速度时间""减速度时间"等相关参数进行设置，以实现伺服电动机或者步进电动机的驱动控制。具体操作：分别对应选中"reqpos""maxspeed""acctime""dectime"参数，单击"连接"，设置"当前值"。X 轴仿真运行的参数设置如图 1-17 所示。至此，X 轴建模与参数设置完成。单击"测试"按钮，查看 X 轴仿真运行效果。

项目 1　智能制造系统仿真建模		任务 1　智能制造系统建模与参数设置	
姓名：	班级：	日期：	实施页　10

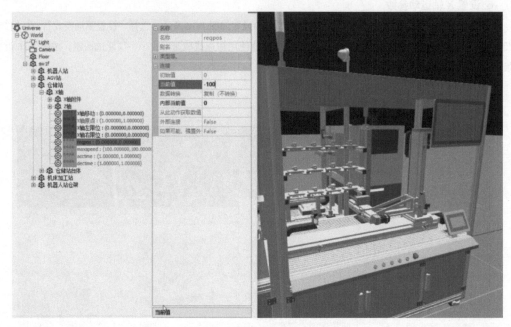

图 1-17　X 轴仿真运行的参数设置

? 引导问题 8：在模型参数设置中，遇到了哪些计划中没有考虑到的问题？是如何解决的？

? 引导问题 9：请参照 X 轴模型参数的设置方法，设置 Z 轴与 Y 轴的模型参数。

? 引导问题 10：请参照 X 轴模型参数的设置方法，思考设置 AGV 升降机构的模型参数。

项目 1 智能制造系统仿真建模		任务 1 智能制造系统建模与参数设置	
姓名：	班级：	日期：	检查页

检查验收

工作方案实施后，对任务完成情况进行检查验收和评价，包括模型导入、模型构建、参数设置等，并将验收问题及其整改措施、完成时间进行记录。验收标准及评分见表1-7，验收过程问题记录见表1-8。

表 1-7 验收标准及评分

序号	验收项目	验收标准	满分分值	教师评分	备注
1	导入 3D 模型	导入模型完整	15		
2	构建模型体系	模型名称与归类显示正确，并具有层级关系	20		
3	建立机械手模型子父级关系	子父级关系设置正确	15		
4	设置 X 轴运动模型	设置正确，仿真运行正确	15		
5	添加 X 轴位置传感器	原点和限位测试正确，传感器能显示状态	20		
6	设置 X 轴运动参数	在仿真模式下能实时显示当前位置，可按给定值控制速度	15		
合计			100		

表 1-8 验收过程问题记录

序号	验收问题记录	整改措施	完成时间	备注

项目1　智能制造系统仿真建模		任务1　智能制造系统建模与参数设置	
姓名：	班级：	日期：	评价页

评价反馈

各组介绍任务的完成过程并提交阐述材料，进行学生自评、学生组内互评、教师评价，完成考核评价。考核评价见表1-9。

?引导问题11：在本次任务完成过程中，给你留下印象最深的是哪件事？自己的哪些能力有明显提高？

?引导问题12：你对智能制造系统了解了吗？会建立模型了吗？对继续学习智能制造技术应用有哪些期盼？

表1-9　考核评价

评价项目	评价内容与标准	满分分值	自评20%	互评20%	教师评价60%	合计
职业素养 40分	具有职业道德、安全意识、责任意识、服从意识	8				
	积极承担任务，按时完成工作页	8				
	积极参与团队合作，主动交流发言	8				
	遵守劳动纪律，现场"6S"行为规范	8				
	具有劳模精神、劳动精神、工匠精神	8				
专业能力 60分	具备信息检索、资料分析能力	10				
	制订计划做到周密严谨	10				
	按照规程操作，精益求精	10				
	独立工作能力强，团队贡献度大	10				
	分工协作好，工作效率高	10				
	质量意识强，任务验收质量好	10				
合计		100				
创新能力20分	创新性思维和行动	20				
总计		120				

教师签名：	学生签名：

项目1　智能制造系统仿真建模		任务1　智能制造系统建模与参数设置	
姓名：	班级：	日期：	知识页

相关知识点：智能制造系统、数字化双胞胎仿真软件简介，机构建模与参数设置实例

一、智能制造系统集成应用平台 DLIM-441 简介

智能制造系统集成应用平台 DLIM-441 为零件切削加工智能制造单元，由数控加工中心、工业机器人、智能传感与控制装备、视觉检测装备、AGV 智能物流、智能仓储装备等以智能制造关键技术装备组成，具有数字化、网络化、集成化、智能化的功能，包含智能控制技术、数控技术、工业机器人技术、气动技术、传感器技术、机电一体化技术、工业工程技术、软件技术、自动化技术以及在线测量技术等领域的知识和技术。智能制造集成应用平台 DLIM-441 基于模块化设计，由智能仓储站、智能物流站、机器人工作站和数控加工站四个工作站组成。

二、数字化双胞胎仿真软件简介

数字化双胞胎（DigitalTwin）技术能够完整真实地同步再现整个设计、工艺规划、制造流程的整个虚拟过程，是对应真实物理世界而存在的虚拟现实空间，物理世界与数字化世界成为双胞胎兄弟。这个虚拟的数字化世界再现了物理世界的全生命周期过程，从而在产品投入生产，投入物理对象（如设备资源）之前即能在虚拟环境中进行设计、规划、优化、仿真、测试、维护与预测等，能在实际生产运营过程中同步优化整个企业流程，实现高效的柔性生产。

三、机构建模与参数设置实例

1. AGV 升降机构的建模与参数设置

AGV 升降台有电动机和气缸两种驱动形式，现以电动机驱动为例，介绍 AGV 升降机构的建模与参数设置。

2. 加工零件机械属性的设置

扫码看知识：

智能制造系统、数字化双胞胎仿真软件简介，机构建模与参数设置实例

扫码看视频：

零件加工智能制造系统工作过程　　数字化双胞胎技术应用平台　　数字化双胞胎技术软件介绍

任务 2　PLC 仿真编程与调试

项目 1　智能制造系统仿真建模		任务 2　PLC 仿真编程与调试	
姓名：	班级：	日期：	任务页　1

学习任务描述

　　数字化双胞胎技术的一个重要特征是物理模型和相应的虚拟模型之间相互联系，能让数字仿真镜像和真实世界联动起来，使数字世界可以通过设计、运行、试错等方式提前预测结果，自动反馈真实世界，从而自动调整生产或者运营方式。本学习任务要求利用数字化双胞胎仿真软件建立虚拟模型与控制真实设备 PLC 的 I/O 地址关联映射，建立真实设备 PLC 与虚拟模型的联系，通过 PLC 程序控制数字化双胞胎仿真软件中三维机械手模型的运动。

学习目标

　　1）了解数字化双胞胎仿真系统的功能和应用。

　　2）建立 PLC 的 I/O 地址与仿真软件地址映射（以西门子 S7-1200 PLC 为例）。

　　3）建立仿真软件与 PLC 的信号关联。

　　4）测试 PLC 的 I/O 地址映射与通信连接。

　　5）用 PLC 程序控制三维机械手模型各轴运动仿真。

　　6）进行三维机械手模型各轴双胞胎仿真调试。

任务书

　　1）以西门子 S7-1200 PLC 为例，建立 PLC 的 I/O 地址与数字化双胞胎仿真系统的连接。

　　2）以"测试读取"和"测试写入"两个 S7 变量为例，设置监视值，仿真运行，查看 PLC 连接状态。

　　3）通过强制修改监视值，测试 PLC 的 I/O 地址与数字化双胞胎仿真软件内部地址映射与通信连接是否成功。

　　4）以数字化双胞胎仿真软件中选定的三维机械手模型的 X 轴的简单映射为例，在 PLC 编程软件中，通过 PLC 控制数字化双胞胎仿真软件中三维机械手模型的 X 轴的运动。

　　5）进行 PLC 编程的仿真及与仿真软件的联合调试。在 PLC 梯形图中修改 X 轴的位置和速度时，观察数字化双胞胎仿真软件中三维机械手模型的 X 轴方向的运行变化情况。

项目 1　智能制造系统仿真建模		任务 2　PLC 仿真编程与调试	
姓名：	班级：	日期：	任务页　2

任务分组

　　班级学生分组，可 4～8 人为一组，轮流担任组长，使每人都有机会锻炼自己的组织协调能力和管理能力。各组任务可以相同，也可以不同，任务分工见表 2-1。每人明确自己承担的任务，注意培养独立工作能力和团队协作能力。

表 2-1　任务分工

班级		组号		任务	
组长		时间段		指导教师	
姓名、学号	任务分工				备注

学习准备

　　1）通过各种途径获取数字化双胞胎技术中的实时双向联系的相关知识，培养探索和学习新技术、新技能的能力。

　　2）查阅相关资料，了解虚拟模型、真实设备 PLC 与数字化双胞胎系统的连接方法与调试方法，并培养严谨、认真的职业习惯。

　　3）在教师指导下，独立完成 PLC 与数字化双胞胎系统的连接与调试，培养独立工作能力和组员之间的互助精神。

　　4）在教师指导下，使用博途软件（TIA Portal）编程进行变量监控和强制，了解 PLC 编程软件中监控表与强制表的含义与区别，培养主动学习的工作态度。

　　5）在教师指导下，完成控制数字化双胞胎仿真软件中模型运动的 PLC 梯形图的创建，培养周密细致的工作习惯。

　　6）在教师指导下，完成 PLC 编程的仿真及其与数字化双胞胎仿真软件的联合调试，查看 PLC 仿真编程与调试后的模型运动，培养综合运用知识的能力。

项目 1 智能制造系统仿真建模		任务 2 PLC 仿真编程与调试	
姓名：	班级：	日期：	信息页

获取信息

? 引导问题 1：什么是数字化双胞胎系统的实时双向联系？

? 引导问题 2：如何使用博途软件（TIA Portal）进行变量监控和强制？

? 引导问题 3：PLC 编程软件中监控表与强制表的含义与区别是什么？

? 引导问题 4：查阅资料，理解 PLC 编程软件中 FC、FB、DB、OB 等各种程序块的功能与作用。

? 引导问题 5：PLC 程序中变量的要素有哪些？变量的名称是什么？

? 引导问题 6：如何改变变量的相关参数值？

小提示

数字化双胞胎仿真系统可与虚拟 PLC 进行通信，将 PLC 程序下载到对应的虚拟 PLC 中，再连上仿真软件中的模型，进行控制仿真，也可与各种实际的 PLC 进行直接通信，虚拟设备可接收 PLC 的指令信号，同时也可将其采集的信号返回到 PLC 中，这属于一个完整的闭环控制系统。

项目 1　智能制造系统仿真建模		任务 2　PLC 仿真编程与调试	
姓名：	班级：	日期：	计划页

工作计划

1）按照任务书要求和获取的信息，制订工作计划，包括 PLC I/O 地址与仿真软件内部地址映射和信号关联等工作内容和步骤，建立 PLC I/O 地址与仿真软件内部地址关联映射工作计划见表 2-2。

表 2-2　建立 PLC I/O 地址与仿真软件内部地址关联映射工作计划

步骤名称	工作内容	负责人

2）以 PLC 程序控制 X 轴运动仿真为例，制订 PLC 仿真编程与调试的工作计划，包括 PLC 软件中梯形图的创建、变量参数的修改、PLC 编程软件与数字化双胞胎仿真软件的联合调试及模型运行变化情况等操作内容和步骤，PLC 仿真编程与调试的工作计划见表 2-3。

表 2-3　PLC 仿真编程与调试的工作计划

步骤名称	工作内容	负责人

小提示

1）数字化双胞胎仿真软件中的变量格式和 PLC 编程的要求是一致的，都是"百分号 + 变量名称 + 地址"。例：%M5000.5、%M6000.0。

2）数字化双胞胎仿真软件中的模型正处于仿真运动中时，改变相关运动参数，不能同步实现相应的仿真运动。只有重新启动后，才能按照新设置的运动参数进行仿真运行。

项目 1 智能制造系统仿真建模		任务 2 PLC 仿真编程与调试	
姓名：	班级：	日期：	决策页

进行决策

　　对不同组员的"建立 PLC I/O 地址与仿真软件内部地址关联映射工作计划"和"PLC 仿真编程与调试的工作计划"，进行对比、分析、完善，形成小组决策，作为工作实施的依据。做出计划对比分析记录和小组决策方案，建立 PLC I/O 地址与仿真软件内部地址关联映射工作方案见表 2-4，PLC 仿真编程与调试的工作方案见表 2-5。

　　记录：

表 2-4   建立 PLC I/O 地址与仿真软件内部地址关联映射工作方案

步骤名称	工作内容	负责人

表 2-5   PLC 仿真编程与调试的工作方案

序号	名称	项目或参数设置的范围及意义	备注

项目 1　智能制造系统仿真建模	任务 2　PLC 仿真编程与调试	
姓名：	班级：	日期：	实施页　1

项目 1　智能制造系统仿真建模	任务 2　PLC 仿真编程与调试
姓名：　　　　　　班级：	日期：　　　　　　实施页　1

工作实施

PLC 的 I/O 地址与数字化双胞胎仿真软件内部地址的映射关联、PLC 仿真编程与调试的步骤如下（以西门子 S7-1200 PLC 为例）：

1. 建立 PLC 的 I/O 地址与仿真软件内部地址映射与信号关联

（1）选择与 PLC 连接　在数字化双胞胎仿真软件"视角"菜单的"属性配置"命令中，选中"Universe"，单击"连接"选项，将软件与 PLC 关联，如图 2-1 所示。在"驱动"选项各通信接口中，选中所需关联的端口"西门子 S7 PLC"。再单击"S7"，在"IP 地址"文本框中输入 PLC 的真实 IP 地址，如图 2-2 所示。

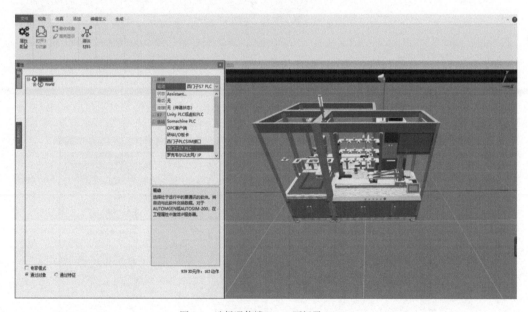

图 2-1　选择通信端口——西门子 S7 PLC

（2）创建输入输出信号对应地址　在数字化双胞胎仿真软件中，单击模型"Universe"，再单击 I/O 地址表"IOlist"，如图 2-2 所示，地址表中上部绿色部分为系统读取的（PLC 发出的）变量地址，下部红色部分为系统向 PLC 写入（PLC 接收的）的变量地址。选中"测试写入"，在右边菜单中，单击"连接"选项，再单击"S7 变量"，将 S7 输入变量的地址设置为"%M5000.5"；再选中"测试读取"，将 S7 输出变量的地址设置为"%M6000.0"。在仿真软件 I/O 地址表中建立与 PLC 对应的输入输出信号地址，如图 2-3 所示。

项目 1 智能制造系统仿真建模		任务 2 PLC 仿真编程与调试	
姓名：	班级：	日期：	实施页 2

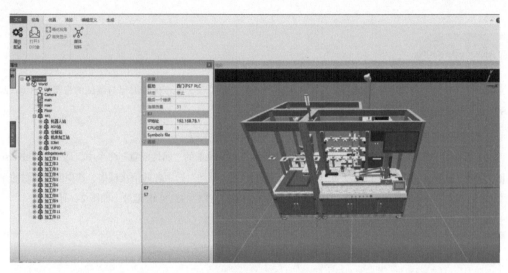

图 2-2 在"IP 地址"文本框中输入 PLC 的真实 IP 地址

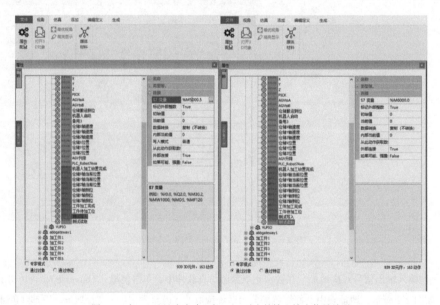

图 2-3 在 I/O 地址表中建立与 PLC 对应的输入输出信号关联

（3）建立 I/O 地址映射 在 PLC 编程软件中添加 I/O 变量的地址监控。打开 PLC 编程软件 TIA Portal V17，将 PLC 程序下载到数字化双胞胎技术应用平台中的真实 PLC 中，在"在线"状态下，单击"添加新监控表"，如图 2-4 所示。

在新监控表中，将上述仿真软件"测试读取"和"测试写入"的两个 S7 变量值写入，其中：%M6000.0 为系统读取的 PLC 数据，%M5000.5 为系统写入 PLC 的数据。单击全部"监视"按钮，可以看到两个变量的监视值均为"FALSE"。在 PLC 编程软件中设置监视值如图 2-5 所示。

项目 1 智能制造系统仿真建模	任务 2 PLC 仿真编程与调试	
姓名: 班级:	日期:	实施页 3

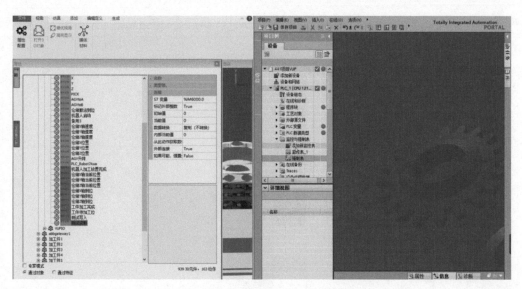

图 2-4   在 PLC 编程软件中"添加新监控表"

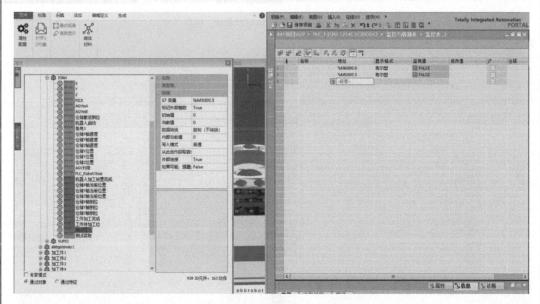

图 2-5   在 PLC 编程软件中设置监视值

（4）仿真软件与 PLC 的信号关联   在数字化双胞胎仿真软件中单击"仿真"菜单下的"运行"按钮，选中模型"Universe"，在右侧"连接"选项卡中能看到 PLC 状态为"已连接"，并可看到"连接质量"的值在不断变化，如图 2-6 左图所示。

分别单击"测试读取"和"测试写入"，查看到"测试读取"和"测试写入"的"当前值"和"内部当前值"均为"0"，如图 2-7 所示。

项目 1　智能制造系统仿真建模		任务 2　PLC 仿真编程与调试	
姓名：	班级：	日期：	实施页　4

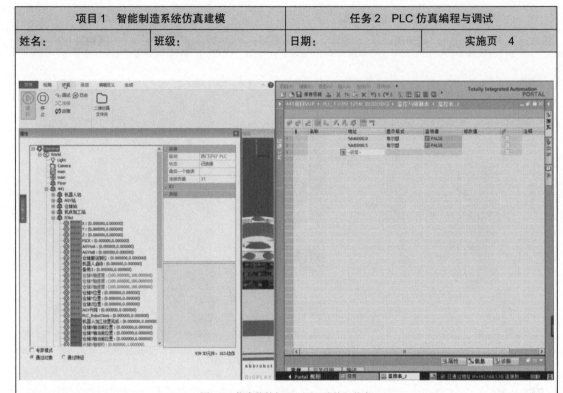

图 2-6　仿真软件与 PLC "已连接" 状态

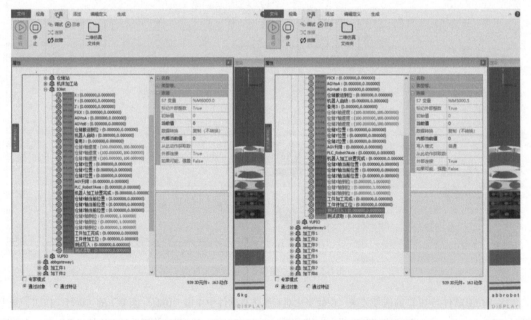

图 2-7　"测试读取" 和 "测试写入" 的 "当前值" 和 "内部当前值" 均为 0

（5）测试 I/O 地址映射与通信连接　测试 PLC 的 I/O 地址与数字化双胞胎仿真软件内部地址映射与通信连接是否成功，当将 PLC 编程软件中的 "M6000.0" 监视值强制修改为 "TURE" 时，数字化双胞胎仿真软件中

项目 1　智能制造系统仿真建模		任务 2　PLC 仿真编程与调试	
姓名：	班级：	日期：	实施页　5

的"测试读取"的当前值和内部当前值随之变为"1"；同样，当将 PLC 编程软件中的"M6000.0"再改为"FALSE"时，数字化双胞胎仿真软件的相关值随之变为"0"，若如此，则证明 PLC 的 I/O 地址与数字化双胞胎仿真软件内部地址映射关联成功，通信通畅。

　　？引导问题 7：在建立 PLC I/O 地址与仿真软件地址映射与信号关联的工作中，你遇到了哪些问题？是如何解决的？

小提示

　　仿真软件与设备的 I/O 信号关联：在数字化双胞胎仿真软件"属性配置"对话框中找到"IOlist"，找到对应的传感器及控制信号，单击选择要关联的信号，在"连接"选项卡中根据设置的通信方式填写通信地址，在"S7 变量"中按照西门子 PLC 的变量格式填写对应的控制 I/O，如图 2-8 所示。

图 2-8　填写变量

2. PLC 程序控制三维机械手模型各轴运动仿真

以三维机械手模型 X 轴为例。

（1）编写 PLC 仿真程序　在 PLC 编程软件中创建梯形图，编写 X 轴运动仿真的 PLC 程序。先建一个常开触点，找到之前建好的变量"DATA"，设置一个启动，如图 2-9 所示。

项目1　智能制造系统仿真建模	任务2　PLC仿真编程与调试	
姓名：	班级：	日期：	实施页　6

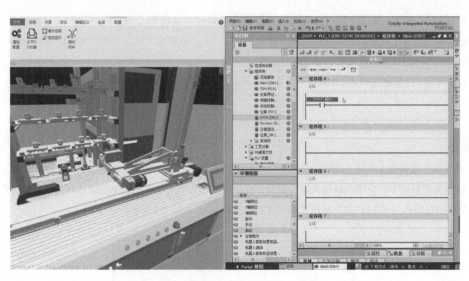

图2-9　创建梯形图

　　添加两个"MOVE"指令，分别建立X轴位置和X轴速度的仿真映射。① 在背景数据块"Position"中，建立X轴运动的两个变量，即"X轴位置"和"X轴速度"，再把它们分别拖至两个MOVE指令的数据输出端，如图2-10所示。"MOVE"指令输出的"X轴位置"和"X轴速度"也是与仿真软件建立映射关系的变量。② 在背景数据块"DATA"中，找到反映X轴运动的实时变量"X轴位置"和"X轴速度"，将它们分别拖至梯形图两个MOVE指令的数据输入端，如图2-11所示。至此，建立了X轴运动变量的仿真映射关系，完成了X轴运动仿真的PLC程序编写。

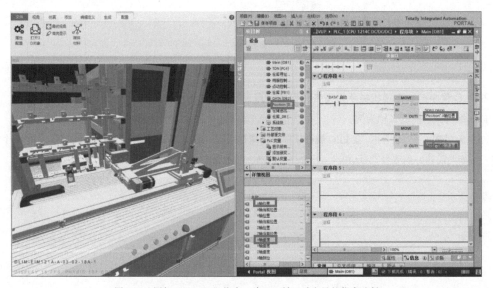

图2-10　添加"MOVE"指令，建立X轴运动变量的仿真映射

项目 1　智能制造系统仿真建模		任务 2　PLC 仿真编程与调试	
姓名：	班级：	日期：	实施页　7

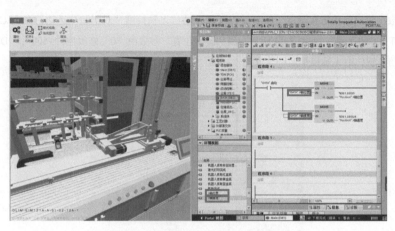

图 2-11　"MOVE"指令数据输入端的设置

（2）PLC 编程软件与数字化双胞胎仿真软件联合调试　在 PLC 编程软件中，单击"下载到设备"，再单击"装载"按钮，PLC 仿真操作如图 2-12 所示。仿真完成后"X 轴位置"值和"X 轴速度"值如图 2-13 所示，此时可以看到 PLC 梯形图中"X 轴位置"值为"0"，"X 轴速度"值为"200"，数字化双胞胎仿真软件中也同步完成了 X 轴仿真运动。

图 2-12　PLC 仿真操作

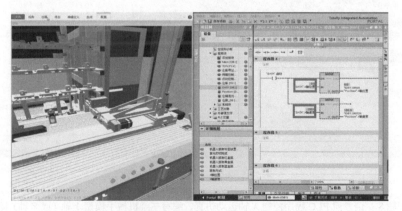

图 2-13　仿真完成后"X 轴位置"值和"X 轴速度"值

项目 1　智能制造系统仿真建模		任务 2　PLC 仿真编程与调试	
姓名：	班级：	日期：	实施页　8

（3）X 轴数字化双胞胎仿真调试　PLC 编程调试 X 轴与 X 轴模型"双胞胎"运动：在 PLC 梯形图中修改"X 轴位置"和"X 轴速度"，如图 2-14 所示。当"X 轴位置"参数由"0"修改为"–500"，"DATA"启动后，数字化双胞胎仿真软件中 X 轴模型运动至位置"–500"，如图 2-15 所示。

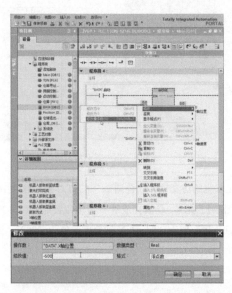

图 2-14　在 PLC 程序中修改"X 轴位置"参数

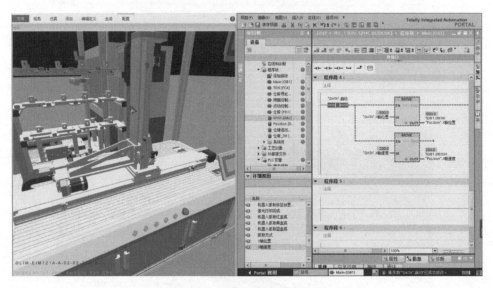

图 2-15　X 轴模型按 PLC 程序运动

？引导问题 8：请参照 PLC 程序控制 X 轴运动仿真，编写三维机械手模型 Y 轴（或 Z 轴）运动仿真的 PLC 程序，并进行数字化双胞胎仿真调试。

项目 1　智能制造系统仿真建模		任务 2　PLC 仿真编程与调试	
姓名：	班级：	日期：	检查页

检查验收

　　根据工作方案实施后，对任务完成情况进行检查验收和评价，包括 PLC I/O 地址与仿真软件内部地址关联映射、PLC 程序控制 X 轴运动仿真等，并将验收问题及其整改措施、完成时间进行记录。验收标准及评分见表 2-6，验收过程问题记录见表 2-7。

表 2-6　验收标准及评分

序号	验收项目	验收标准	满分分值	教师评分	备注
1	选择与 PLC 连接	在仿真模式下"连接质量"有数据流动	15		
2	创建输入输出信号	正确创建变量，变量格式书写正确	15		
3	I/O 信号映射	在仿真模式下通过 PLC 监控表可以更改并监视当前状态	30		
4	编写 PLC 仿真程序	梯形图正确	20		
5	X 轴模型运动仿真	能完整运行简单流程	20		
合计			100		

表 2-7　验收过程问题记录

序号	验收问题记录	整改措施	完成时间	备注

项目 1　智能制造系统仿真建模		任务 2　PLC 仿真编程与调试	
姓名：	班级：	日期：	评价页

评价反馈

　　各组介绍任务的完成过程并提交阐述材料，进行学生自评、学生组内互评、教师评价，完成考核评价。考核评价见表 2-8。

　　? 引导问题 9：在本次任务完成过程中，给你留下印象最深的是哪件事？自己的能力有哪些提高？

　　? 引导问题 10：你掌握 PLC 仿真编程与调试的方法了吗？想继续学习工业机器人仿真编程与调试吗？开始准备学习吧！

表 2-8　考核评价

评价项目	评价内容与标准	满分分值	自评 20%	互评 20%	教师评价 60%	合计
职业素养 40 分	具有职业道德、安全意识、责任意识、服从意识	8				
	积极承担任务，按时完成工作页	8				
	积极参与团队合作，主动交流发言	8				
	遵守劳动纪律，现场 "6S" 行为规范	8				
	具有劳模精神、劳动精神、工匠精神	8				
专业能力 60 分	具备信息检索、资料分析能力	10				
	制订计划做到周密严谨	10				
	按照规程操作，精益求精	10				
	独立工作能力强，团队贡献度大	10				
	分工协作好，工作效率高	10				
	质量意识强，任务验收质量好	10				
合计		100				
创新能力 20 分	创新性思维和行动	20				
总计		120				

教师签名：　　　　　　　　　　学生签名：

项目 1　智能制造系统仿真建模		任务 2　PLC 仿真编程与调试	
姓名：	班级：	日期：	知识页

 相关知识点： 数字化双胞胎技术的实时双向联系的概念，PLC 与数字化双胞胎仿真软件的连接方法，监控表与强制表的区别

一、数字化双胞胎技术的实时双向联系的概念

数字化双胞胎（又称数字孪生）技术可以在网络空间中再现产品和生产系统，并使产品和生产系统的物理模型和数字模型这两个本体和孪生体始终处于实时双向交互中，两者可以及时地把握彼此的动态变化并实时地做出响应，为实现智能制造提供有力保障，同时也加快了智能制造与工业互联网、物联网相融合。

本体和孪生体实时双向交互的含义是，实时是指本体和孪生体之间可以构建全面的实时联系，两者之间不是独立的，映射关系也具有一定的实时性。双向，指的是本体和孪生体之间的数据信息流动是双向的，并不是只有本体向孪生体输出信息，而是孪生体也可以向本体反馈信息。企业可以根据孪生体反馈的信息，对本体采取进一步的行动和干预。

二、PLC 与数字化双胞胎仿真软件的连接方法

1. 虚拟 PLC 与数字化双胞胎仿真软件的连接
2. 真实 PLC 与数字化双胞胎系统连接

三、监控表与强制表的区别

强制表是在物理信号和通道变量之间加了一个数值选择器，启用强制功能时选择使用强制表里设定的数值，否则物理信号直接传输到通道变量，在监控表里可以执行改变变量数值的操作，但若变量连接到实际模块的物理通道时，其数值会跟随物理信号变化。而在监控表里设定的数值在一个扫描周期后就会被刷新，所以真正连接到实际模块物理通道上的变量不会保持在监控表里设定的数值上。监控可以理解为只读操作，不能修改值；而强制表是可以读写操作的。

扫码看知识：

数字化双胞胎技术的实时双向联系的概念，PLC 与数字化双胞胎仿真软件
的连接方法，监控表与强制表的区别

扫码看视频：

PLC 与数字化双胞胎软件 I/O 地址映射　　PLC 仿真编程与调试

任务3　工业机器人仿真编程与调试

项目1　智能制造系统仿真建模		任务3　工业机器人仿真编程与调试	
姓名：	班级：	日期：	任务页　1

学习任务描述

　　在零件加工智能制造系统 DLIM-441 中，物料传递的方法之一是应用工业机器人来实现，其动作精准、迅速、可靠。观看零件加工智能制造系统工作过程（案例），观察工业机器人运用不同工具对物料进行抓取、放置、码垛等。本学习任务要求在智能制造数字化双胞胎仿真系统中，完成离线编程软件机器人与数字化双胞胎仿真软件中工业机器人模型的通信连接和虚实联动，用虚拟示教器对工业机器人抓取工具等任务进行编程和调试，使数字化双胞胎仿真系统中工业机器人按照规定路径同步运动并到达目标位置。

学习目标

　　1）掌握数字化双胞胎仿真技术平台的应用。

　　2）完成工业机器人离线编程软件与数字化双胞胎仿真软件的通信连接。

　　3）完成数字化双胞胎仿真系统工业机器人模型与真实工业机器人的虚实联动。

　　4）根据指定路径编写与调试工业机器人快换工具的抓取和运动程序。

　　5）测试及判断通信连接和工业机器人程序运行状态。

任务书

　　1）在零件加工智能制造系统（例如 DLIM-441）中，用工业机器人实现物料的搬运和码垛。以 KUKA 工业机器人为例，建立工业机器人离线编程软件与数字化双胞胎仿真软件的通信。

　　2）实现数字化双胞胎仿真系统工业机器人模型与真实工业机器人的虚实联动。

　　3）编写程序实现工业机器人抓取快换工具和运动，并完成在仿真系统里的调试。

　　4）利用 KUKA 机器人仿真示教器编写的程序准确同步地控制数字化双胞胎仿真软件中工业机器人的轨迹和动作。

项目 1 智能制造系统仿真建模		任务 3 工业机器人仿真编程与调试	
姓名:	班级:	日期:	任务页 2

任务分组

班级学生分组，可 4～8 人为一组，轮流担任组长，使每人都有机会锻炼自己的组织协调能力和管理能力。各组任务可以相同，也可以不同，任务分工见表 3-1。每人明确自己承担的任务，注意培养独立工作能力和团队协作能力。

表 3-1 任务分工

班级		组号		任务		
组长		时间段		指导教师		
姓名、学号		任务分工				备注

学习准备

1）通过信息查询获得关于 KUKA 工业机器人编程的相关知识，了解国产知名工业机器人品牌和产品性能等，了解我国智能制造技术应用情况，培养民族自豪感和赶超世界先进水平的信心。

2）根据技术资料了解工业机器人离线编程软件与数字化双胞胎仿真软件通信方式。

3）在教师指导下，完成离线编程软件中工业机器人与数字化双胞胎仿真软件中工业机器人的通信设置和连接，培养一丝不苟的工作态度。

4）完成数字化双胞胎仿真系统工业机器人模型与真实工业机器人的虚实联动。

5）参考资料，在教师指导下，根据指定路径编写工业机器人快换工具的抓取和运动程序并进行调试，注重细节，确保精度，培养精益求精的精神。

6）实现 KUKA 工业机器人仿真程序同步数字化双胞胎仿真软件中的工业机器人模型动作。

项目 1　智能制造系统仿真建模		任务 3　工业机器人仿真编程与调试	
姓名：	班级：	日期：	信息页

获取信息

　　? 引导问题 1：自主学习 KUKA 工业机器人编程的基础知识。

　　? 引导问题 2：查阅资料，了解离线编程软件与数字化双胞胎仿真软件的通信方式。

　　? 引导问题 3：智能制造系统仿真中用到的三个软件分别是 VMware Workstation（包含 KUKAVARPROXY）、KUKAOfficeLite、数字化双胞胎仿真软件。

　　? 引导问题 4：上述三个软件安装之后，在通信连接时，打开次序是什么？为什么？

　　? 引导问题 5：分析要完成的仿真编程任务，需要运用哪几个指令？

　　? 引导问题 6：工业机器人从原点到抓取工具点，是否需要设置过渡点？如何确定合适的过渡点？

　　? 引导问题 7：如何判定虚拟机器人（示教器）与数字化双胞胎仿真软件中的 KUKA 工业机器人通信连接良好？

　　? 引导问题 8：抓取快换工具完成后，如何编写工业机器人程序，将快换工具放回到支架上并返回原点？

　　? 引导问题 9：根据指定的抓取快换工具的任务，绘制工业机器人末端手爪运动过程框图。

小提示

　　学习离线编程仿真工业机器人与平台虚拟机器人的通信、编程及调试，在数字化双胞胎仿真软件中可以选用 KUKA 工业机器人，也可以选用如 ABB 等其他品牌的工业机器人。本教材以 "KUKA 工业机器人离线编程，同步控制数字化双胞胎仿真软件 KUKA 工业机器人模型从原点出发，经过过渡点，去抓取快换工具，然后回到原点，再经过渡点去放置工具" 的任务为例，如果有其他不同的工作任务，可根据需要进行程序编写和调试。

项目 1　智能制造系统仿真建模	任务 3　工业机器人仿真编程与调试
姓名：	班级：	日期：	计划页

工作计划

　　按照任务书要求和获取的信息，制订工作计划，包括工业机器人编程软件和数字化双胞胎仿真软件的通信连接、工业机器人虚实联动、编写程序实现工业机器人指定快换工具的抓取和运动，并完成在仿真系统里的调试，包括软件、程序、流程安排，检查调试等工作内容和步骤。通信连接和工业机器人虚实联动工作计划见表 3-2，工业机器人程序编写及调试工作计划见表 3-3。

表 3-2　通信连接和工业机器人虚实联动工作计划

步骤名称	工作内容	负责人

表 3-3　工业机器人程序编写及调试工作计划

步骤名称	工作内容	负责人

项目 1　智能制造系统仿真建模		任务 3　工业机器人仿真编程与调试	
姓名：	班级：	日期：	决策页

进行决策

　　对不同组员的"通信连接和工业机器人虚实联动工作计划"和"工业机器人程序编写及调试工作计划"，进行对比、分析、完善，形成小组决策，作为工作实施的依据。做出计划对比分析记录，通信连接和工业机器人虚实联动工作方案见表 3-4，工业机器人程序编写及调试工作方案见表 3-5。

　　记录：

表 3-4　通信连接和工业机器人虚实联动工作方案

步骤名称	工作内容	负责人

表 3-5　工业机器人程序编写及调试工作方案

序号	名称	项目或参数设置的范围及意义	备注

项目 1　智能制造系统仿真建模		任务 3　工业机器人仿真编程与调试	
姓名：	班级：	日期：	实施页　1

工作实施

按以下步骤建立 KUKA 工业机器人示教器与数字化双胞胎仿真软件通信连接、完成工业机器人仿真编程与调试。

1. 建立工业机器人编程软件与数字化双胞胎仿真软件的通信

建立 KUKA 工业机器人虚拟示教器与数字化双胞胎仿真软件中的 KUKA 工业机器人模型通信连接，需要软件 VMware Workstation（包含 KUKAVARPROXY）、KUKAOfficeLite、数字化双胞胎仿真软件。

1）打开 VMware Workstation 软件，运行 KUKA 工业机器人虚拟控制系统，打开 KUKA 工业机器人虚拟示教器 OfficeLite，如图 3-1 所示。

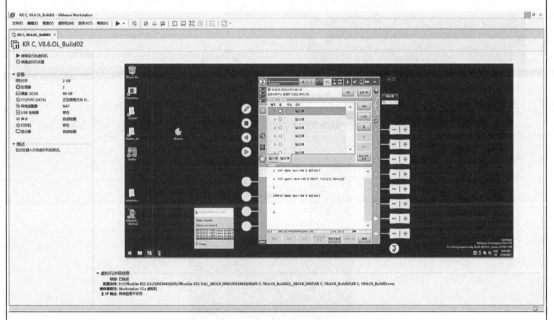

图 3-1　运行 OfficeLite

2）查看虚拟示教器的 IP 地址（192.168.17.128），该地址作为数字化双胞胎仿真软件与工业机器人模型连接使用的 IP 地址，如图 3-2 所示。

项目1　智能制造系统仿真建模	任务3　工业机器人仿真编程与调试	
姓名：	班级：	
日期：	实施页　2	

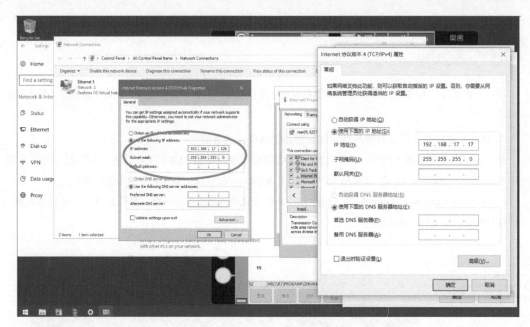

图 3-2　查看虚拟示教器 IP 地址

3）打开 VMware 中的虚拟系统软件 KUKAVARPROXY，选中"Debug"复选按钮，如图 3-3 所示。

图 3-3　选中"Debug"复选按钮

4）打开数字化双胞胎仿真软件，单击菜单栏中的"仿真"菜单，单击"运行"按钮，此时系统会自动弹出运行界面，输入 VMware 虚拟控制器中 KUKA 工业机器人的 IP 地址，如图 3-4 所示。

5）工业机器人 IP 地址输入正确后，会在运行界面出现数据流，说明数字化双胞胎仿真软件中的 KUKA 工业机器人已经与 VMware 中的工业机器人连接成功，如图 3-5 所示。

项目 1　智能制造系统仿真建模		任务 3　工业机器人仿真编程与调试	
姓名：	班级：	日期：	实施页　3

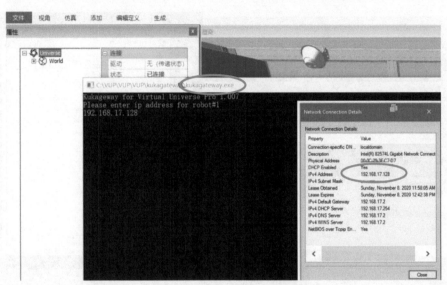

图 3-4　虚拟控制器中输入 IP 地址

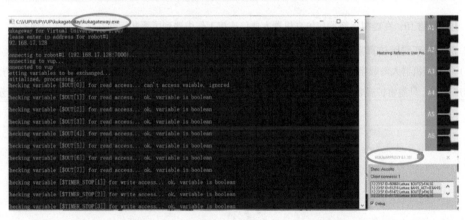

图 3-5　运行界面

6）通信完成后，操作虚拟示教器的六轴控制按钮，同步控制 KUKA 工业机器人和数字化双胞胎仿真软件中的 KUKA 工业机器人模型运动，如图 3-6 所示。

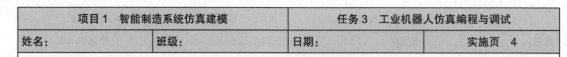

项目1　智能制造系统仿真建模	任务3　工业机器人仿真编程与调试		
姓名：	班级：	日期：	实施页　4

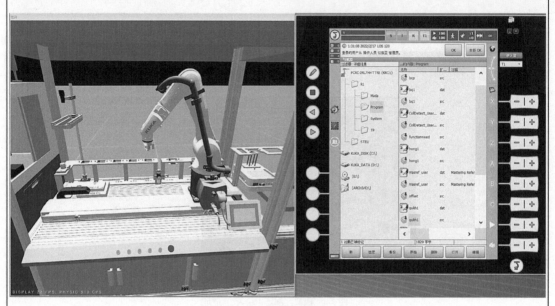

图 3-6　操作虚拟示教器

? 引导问题 10：在虚拟示教器与仿真机器人通信连接工作中遇到了哪些问题？你是如何处理的？

2. 数字化双胞胎仿真系统机器人模型与真实机器人虚实联动

1）将真实机器人与数字化双胞胎仿真系统连接，在数字化双胞胎仿真系统中编写的机器人程序与真实机器人程序通用，只需将扩展名为"dat"和"src"的程序文件复制到对应的控制器中即可，如图 3-7 所示。

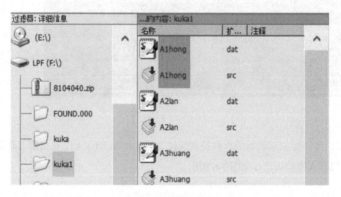

图 3-7　复制文件

2）用网线将数字化双胞胎技术应用平台设备与智能制造集成应用系统连接，便可实现机器人模型与真实机器人虚实联动，如图 3-8 所示。

项目 1　智能制造系统仿真建模		任务 3　工业机器人仿真编程与调试	
姓名：	班级：	日期：	实施页　5

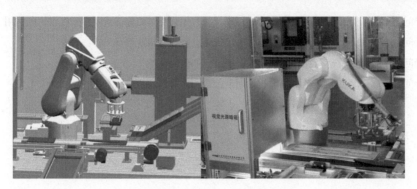

图 3-8　机器人模型与真实机器人虚实联动

3. 工业机器人仿真编程与调试

1）登录 KUKA 工业机器人仿真示教器的管理员权限。

2）建立子程序"qukh"（抓取快换工具）。

？引导问题 11：请参考学习资料，按照工作流程要求，编制"抓取快换工具"子程序，依次添加运动指令，使工业机器人从原点出发，经过渡点到达抓取点，抓取快换工具，再经过渡点回到原点。

3）子程序编写完毕，退出后保存。

4）选定该程序，将示教器上电（使能），操控六轴控制器，数字化双胞胎仿真软件中的机器人模型跟随运动。

5）光标移动到相应的程序行，对点位进行示教。点位示教完成后，单步运行，查看能否运动到指定点位。

6）子程序复位。

7）在数字化双胞胎仿真软件中，单击"仿真"菜单下的"停止"按钮，然后重新单击"运行"按钮，启动仿真。

8）在 KUKA 仿真示教器中，运行"qukh"子程序。观察数字化双胞胎仿真软件中机器人模型运动点位是否按照编制的程序轨迹来运行。机器人抓取快换工具点位的示教如图 3-9 所示。

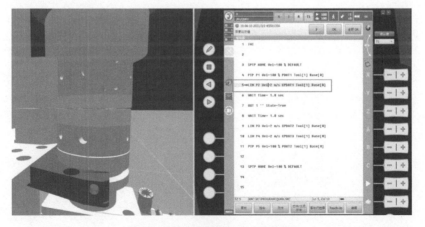

图 3-9　机器人抓取快换工具点位的示教

项目1　智能制造系统仿真建模		任务3　工业机器人仿真编程与调试	
姓名：	班级：	日期：	实施页　6

? 引导问题 12：在抓取点动作指令的前后程序行，为什么要增加等待指令？分析它们的作用。

? 引导问题 13：如果程序调试和运行过程中出现奇点，如何调整避开？

? 引导问题 14：若程序运行路径出现较大误差，应如何调整？

? 引导问题 15：示教点位定位不准确的原因是什么？你对误差是什么态度？

小提示

　　奇点：当工业机器人的轴连成直线或关节接近 0° 时，就会出现运动奇点，使工业机器人运动和速度无法实现。对此技术人员提出了多种避免奇点的方式，比如通过工具增加一个很小的角度，将导致奇点产生的某一个轴稍稍旋转，以避免工业机器人进入奇点，也可以把任务移动到没有奇点的区域。

项目 1　智能制造系统仿真建模		任务 3　工业机器人仿真编程与调试	
姓名:	班级:	日期:	检查页

检查验收

　　根据 KUKA 工业机器人与数字化双胞胎仿真软件通信连接、快换工具程序编写和仿真调试情况,对任务进行检查验收和评价,包括通信结果、程序编写质量、调试速度、点位示教准确性等,并将验收问题及其整改措施、完成时间进行记录。验收标准及评分见表 3-6,验收过程问题记录见表 3-7。

表 3-6　验收标准及评分

序号	验收项目	验收标准	满分分值	教师评分	备注
1	通信连接	操作规范,连接正确	25		
2	程序编写	编程语句正确,轨迹、动作正确	25		
3	过渡点设置	过渡点设置合理,未出现奇点	15		
4	点位示教质量	各点位示教准确	20		
5	运行速度控制	运行速度合适,无过快和过慢现象	15		
合计			100		

表 3-7　验收过程问题记录

序号	验收问题记录	整改措施	完成时间	备注

项目 1 智能制造系统仿真建模		任务 3 工业机器人仿真编程与调试	
姓名：	班级：	日期：	评价页

评价反馈

　　各组介绍任务的完成过程并提交阐述材料，进行学生自评、学生组内互评、教师评价，完成考核评价。考核评价见表 3-8。

　　? 引导问题 16：在本次完成任务过程中，给你印象最深的是哪件事？自己的能力有哪些提高？

　　? 引导问题 17：你对数字化双胞胎技术掌握了多少？在智能制造技术学习和应用中，它能发挥哪些作用？

表 3-8　考核评价

评价项目	评价内容与标准	满分分值	自评 20%	互评 20%	教师评价 60%	合计
职业素养 40 分	具有职业道德、安全意识、责任意识、服从意识	8				
	积极承担任务，按时完成工作页	8				
	积极参与团队合作，主动交流发言	8				
	遵守劳动纪律，现场"6S"行为规范	8				
	具有劳模精神、劳动精神、工匠精神	8				
专业能力 60 分	具备信息检索、资料分析能力	10				
	制订计划做到周密严谨	10				
	按照规程操作，精益求精	10				
	独立工作能力强，团队贡献度大	10				
	分工协作好，工作效率高	10				
	质量意识强，任务验收质量好	10				
合计		100				
创新能力 20 分	创新性思维和行动	20				
总计		120				

教师签名：　　　　　　　　　学生签名：

项目 1　智能制造系统仿真建模	任务 3　工业机器人仿真编程与调试	
姓名：	班级：	日期：	知识页

相关知识点：数字化双胞胎技术应用平台简介，编写工业机器人仿真程序

一、数字化双胞胎技术应用平台简介

数字化双胞胎技术应用平台可根据需求创建一个具有实际交互功能的虚拟仿真系统。仿真系统可以实现与实际环境一致的物理性能、机械结构以及动作功能，能够使机械设计与电气设计在虚拟仿真系统上并行进行开发工作。数字化双胞胎技术应用平台由点到面打造现场控制级、生产单元级、车间级以及工厂级的组织形态，并在数字化双胞胎建模、仿真等关键技术应用的同时，系统地建立了智能制造集成应用系统所包含的工业机器人、AGV 以及制造执行系统（MES）等主要设备、技术与应用的关联体系，对于智能制造技术应用的设计、生产、调试、学习各环节具有重要意义。

DLIM-DT01A 数字化双胞胎技术应用平台涵盖了工业互联网设备感知层、网络传输层以及应用层各环节关键技术，可以实现：

1）设计孪生：根据软件提供的智能工厂素材库或自行设计的 3D 工业模型，搭建不同工业生产场景，并对其进行布局、仿真调试与优化；

2）产品孪生：通过采用真实 PLC、HMI 驱动虚拟工业生产场景，实现控制程序的并行验证、调试与优化。

3）绩效孪生：通过提取真实工业生产场景的传感器、PLC 数据，虚拟工业生产场景可实时反映真实生产场景的生产状态、工作条件及位置，从而对不可预测的情况进行更加真实和全面的检测，以提升企业绩效。

二、编写该平台机器人仿真程序

1. 编写抓取快换工具程序

2. 编写放置快换工具程序

扫码看知识：

数字化双胞胎技术应用平台简介，编写工业机器人仿真程序

扫码看视频：

工业机器人仿真编程与调试

任务4   智能制造系统仿真运行与调试

项目1 智能制造系统仿真建模		任务4 智能制造系统仿真运行与调试	
姓名：	班级：	日期：	任务页 1

学习任务描述

　　智能制造系统集成应用平台开发完成之后，可先在数字化双胞胎仿真技术应用平台上对其进行仿真运行与调试，调试完成之后再将PLC、工业机器人等控制程序下载到实际设备中，从而安全、经济、有效地提升研发生产的质量和效率。本学习任务是经过本项目前面的学习和任务完成之后的一次综合性任务，要求在数字化双胞胎仿真技术应用平台上，对智能制造系统的生产过程进行仿真建模、运行与调试。

学习目标

　　1）回顾零件加工智能制造系统的工作过程和数字化双胞胎仿真系统的应用技术。

　　2）搭建智能制造系统中的立体仓储、三维机械手、AGV、工业机器人及末端夹具、传感器等部件的3D模型并进行属性设置。

　　3）根据属性设置规划PLC I/O变量，并进行I/O变量映射关联。

　　4）根据任务流程的要求编写PLC程序、工业机器人程序。

　　5）建立PLC、机器人分别与虚拟仿真模型的通信连接。

　　6）按任务要求完成系统工作过程的建模、仿真、运行和调试。

任务书

　　在本项目前面的学习和任务完成的基础上，利用所掌握的智能制造系统建模、PLC仿真编程与调试、工业机器人仿真编程与调试的方法，在数字化双胞胎仿真技术应用平台上对DLIM-441智能制造系统生产过程进行仿真系统搭建、PLC仿真编程与调试、机器人仿真编程与调试等，综合完成系统工作过程的建模、仿真运行与调试任务。智能制造系统如下工作过程为本次任务要求。

　　1）三维机械手从立体仓库中取出物料托盘，送到中转位，机械手复位。

　　2）AGV将物料托盘从中转位运送到缓冲位。

　　3）工业机器人到快换工具位选取工具，去缓冲位取物料托盘并将其运送至RFID位读取信息。

项目1 智能制造系统仿真建模			任务4 智能制造系统仿真运行与调试	
姓名：	班级：		日期：	任务页 2

任务分组

班级学生分组，可4～8人为一组，轮流担任组长，使每人都有机会锻炼自己的组织协调能力和管理能力。各组任务可以相同，也可以不同，任务分工见表4-1。因为本次是综合任务，建议分工合作，每人明确自己承担的任务，注意培养独立工作能力和团队协作能力。

表4-1 任务分工

班级		组号		任务	
组长		时间段		指导教师	
姓名、学号		任务分工			备注

学习准备

1）根据技术资料，了解智能制造系统生产过程，复习梳理系统建模、PLC仿真编程、工业机器人仿真编程的方法，为对应的系统建模、仿真运行与调试做好准备。

2）通过小组分工合作，制订智能制造系统仿真运行与调试的工作计划，培养团队协作精神。

3）按任务分工和工作计划，进行仿真系统搭建、程序编写、系统调试等工作，并培养严谨、认真的职业素养。

4）将分项任务汇总，完成系统工作过程的建模、仿真、运行和调试。

5）逐项解决引导问题和智能制造系统仿真运行与调试遇到的问题。小组进行检查验收，注重综合素质的提升。

项目 1　智能制造系统仿真建模	任务 4　智能制造系统仿真运行与调试	
姓名：	班级：	日期：	信息页

获取信息

? 引导问题 1：如何导入 3D 模型？

? 引导问题 2：如何关联 I/O 信号？

? 引导问题 3：PLC 与仿真软件之间如何进行通信连接？

? 引导问题 4：如何进行 PLC 仿真编程与调试？

? 引导问题 5：工业机器人与仿真软件之间如何进行通信连接？

? 引导问题 6：如何进行工业机器人仿真编程与调试？

? 引导问题 7：PLC 需要哪些 I/O 信号？

? 引导问题 8：PLC 与工业机器人之间通信需要哪些信号？

项目 1　智能制造系统仿真建模		任务 4　智能制造系统仿真运行与调试	
姓名：	班级：	日期：	计划页

工作计划

　　按照任务书要求和获取的信息，制订"三维机械手从立体仓库中取出物料托盘，送到中转位后复位，AGV 将物料托盘从中转位运送到缓冲位，工业机器人到快换工具位选取工具，将物料托盘从缓冲位运送至 RFID 位读取信息"的系统工作过程仿真运行与调试的工作计划，包括导入 3D 模型、关联 I/O 信号、PLC 输入输出信号分配、PLC 程序编写与调试、工业机器人程序编写与调试、系统检查调试等工作内容和步骤，完成智能制造系统仿真运行与调试工作计划、PLC 输入输出分配两个表格。智能制造系统仿真运行与调试工作计划见表 4-2，PLC 输入输出分配见表 4-3。

表 4-2　智能制造系统仿真运行与调试工作计划

步骤名称	工作内容	负责人

表 4-3　PLC 输入输出分配

序号	PLC 型号	I/O 地址	功能说明

项目 1　智能制造系统仿真建模	任务 4　智能制造系统仿真运行与调试
姓名：　　　　　　班级：	日期：　　　　　　决策页

进行决策

对不同组员的工作计划进行对比、分析、论证，整合完善，形成小组决策，作为工作实施的依据。做出计划对比分析记录，智能制造系统仿真运行与调试方案见表 4-4，PLC 输入输出分配实施见表 4-5。

记录：

表 4-4　智能制造系统仿真运行与调试方案

步骤名称	工作内容	负责人

表 4-5　PLC 输入输出分配实施

序号	PLC 型号	I/O 地址	功能说明

项目 1　智能制造系统仿真建模		任务 4　智能制造系统仿真运行与调试	
姓名：	班级：	日期：	实施页

工作实施

按照任务要求和计划决策，通过分工合作，逐项实施下列工作。

1）搭建智能制造系统中的立体仓储、三维机械手、AGV、工业机器人及末端夹具、传感器等部件的 3D 模型，并进行属性设置。

2）根据属性设置规划 PLC I/O 变量，并进行 I/O 变量映射关联。

3）根据任务流程的要求编写 PLC 程序。

4）根据任务流程要求编写工业机器人程序。

5）建立 PLC 与虚拟仿真模型的通信连接。

6）建立工业机器人与虚拟仿真模型的通信连接。

7）按任务要求完成系统工作过程的建模、仿真、运行和调试。任务要求：三维机械手从立体仓库中取出物料托盘，送到中转位后复位，AGV 将物料托盘从中转位运送到缓冲位，工业机器人到快换工具位选取工具，将物料托盘从缓冲位运送至 RFID 位读取信息。

? 引导问题 9：写下自己所做工作的完整步骤。

? 引导问题 10：写下自己在本次任务中遇到了哪些难点，是如何处理的？

? 引导问题 11：谈谈你对本次综合性任务的体会和认识。

项目 1 智能制造系统仿真建模		任务 4 智能制造系统仿真运行与调试	
姓名：	班级：	日期：	检查页

检查验收

根据系统仿真运行情况，对任务完成情况按照验收标准进行检查验收和评价，主要包括功能的实现情况，并将验收问题及其整改措施、完成时间进行记录。验收标准及评分见表 4-6，验收过程问题记录见表 4-7。

表 4-6 验收标准及评分

序号	验收项目	验收标准	满分分值	教师评分	备注
1	机械手从仓位取出物料托盘	取出顺利，物料及托盘未掉落	20		
2	机械手将物料托盘送到中转位	准确放至中转位，物料及托盘未掉落	20		
3	机械手复位	机械手回到原点	10		
4	工业机器人取夹具	顺利取出夹具	20		
5	工业机器人将物料托盘送至 RFID 读写位	准确放至 RFID 位，物料及托盘未掉落	20		
6	工业机器人回安全点	回到安全点	10		
合计			100		

表 4-7 验收过程问题记录

序号	验收问题记录	整改措施	完成时间	备注

项目 1 智能制造系统仿真建模		任务 4 智能制造系统仿真运行与调试	
姓名：	班级：	日期：	评价页

评价反馈

各组展示作品，介绍任务的完成过程并提交阐述材料，进行学生自评、学生组内互评、教师评价，完成考核评价。考核评价见表4-8。

表4-8 考核评价

评价项目	评价内容与标准	满分分值	自评20%	互评20%	教师评价 60%	合计
职业素养 40分	具有职业道德、安全意识、责任意识、服从意识	8				
	积极承担任务，按时完成工作页	8				
	积极参与团队合作，主动交流发言	8				
	遵守劳动纪律，现场"6S"行为规范	8				
	具有劳模精神、劳动精神、工匠精神	8				
专业能力 60分	具备信息检索、资料分析能力	10				
	制订计划做到周密严谨	10				
	按照规程操作，精益求精	10				
	独立工作能力强，团队贡献度大	10				
	分工协作好，工作效率高	10				
	质量意识强，任务验收质量好	10				
合计		100				
创新能力20分	创新性思维和行动	20				
总计		120				

教师签名： 学生签名：

项目1　智能制造系统仿真建模		任务4　智能制造系统仿真运行与调试	
姓名：	班级：	日期：	知识页

相关知识点：数字双胞胎仿真技术平台的智能制造系统仿真运行

以具体智能制造系统和数字双胞胎仿真技术应用平台为例，例如在 DLIM-DT01A 数字化双胞胎仿真技术应用平台上，对 DLIM-441 智能制造系统工作过程进行仿真运行与调试。智能制造系统工作过程如下：

1）根据 MES 订单信息，智能仓储站三轴机械手移至指定仓位，将物料连同托盘取出，移送至中转位，将物料及托盘放置到位后，三轴机械手移动到安全位置。

2）AGV 自动导航移动到中转位下方，升起 AGV 升降机构，将物料托盘托起，运送至缓冲位（工业机器人快换工具位），升降机构落下放下物料托盘。

3）工业机器人移到快换工具位，自动安装所需夹具，到缓冲位抓取物料托盘，将物料托盘运送并放到 RFID 读写位。

4）RFID 读写器将毛坯信息写入此物料托盘芯片中，然后工业机器人更换夹爪，抓取物料本体放置到数控加工站中。工业机器人返回安全位置，数控机床开始加工零件。

5）零件加工完成后，工业机器人将零件成品从数控机床取出，移动到 RFID 读写位放到托盘上，RFID 读写器将零件信息更新写入托盘芯片中。工业机器人再次更换夹爪，抓取零件托盘并移送到缓冲位放下。工业机器人完成动作后到快换工具位放下夹具，移至安全位置。

6）AGV 到缓冲位，将零件成品及托盘托起，移送到中转位放下，完成动作后 AGV 移至安全位置。

7）智能仓储站三轴机械手移至中转位将零件及托盘运送并放到指定仓位中。至此，完成整个生产制造流程。

扫码看知识：

数字双胞胎仿真技术平台的智能制造系统仿真运行

扫码看视频：

数字化双胞胎建模与虚实结合

项目 2

数控机床编程与调试

项目 2　数控机床编程与调试		任务 5～任务 6	
姓名：	班级：	日期：	项目页

项目导言

　　本项目面向零件加工智能制造系统，以数控机床编程与调试为学习目标，以任务驱动为主线，以工作进程为学习路径，对相关的智能制造系统中零件数控编程与数控加工、在线测量装置编程与应用等学习内容分别进行了任务部署，针对各项学习任务给出了任务要求、学习目标、工作步骤（六步工作法）、评价方案、学习资料等工作要求和学习指导。

项目任务

　　1. 零件数控编程与数控加工
　　2. 在线测量装置编程与应用

项目学习摘要

任务 5   零件数控编程与数控加工

项目 2 数控机床编程与调试		任务 5 零件数控编程与数控加工	
姓名：	班级：	日期：	任务页 1

学习任务描述

在零件加工智能制造系统中，零件的数控加工是重点任务，智能制造系统集成应用平台 DLIM-441 的生产核心是数控加工站，数控加工站主要为小型加工中心，在此实现零件的加工及测量作业。本学习任务要求掌握零件数控加工的知识和技能，包括对零件进行加工工艺设计、数控加工程序编写、完成数控加工。

学习目标

1）了解数控机床，包括零件数控加工的工艺分析、程序编制、机床操作的知识。

2）分析零件结构，设计零件加工工艺和编制工序卡。

3）了解数控编程常用指令的功能，能够编制零件的数控加工程序。

4）了解普通工件装夹要求，会选择并安装夹具、刀具。

5）操作数控机床，按照规程完成零件数控加工。

任务书

智能制造系统现需加工活塞零件，活塞零件图如图 5-1 所示，该零件直径为 45mm、高为 50mm，材料为铝合金，要求加工其端面为 21mm × 21mm × 5mm 的内方，请编制零件加工程序并操作数控机床完成零件的加工。

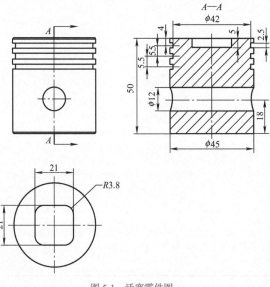

图 5-1   活塞零件图

项目 2 数控机床编程与调试		任务 5 零件数控编程与数控加工	
姓名:	班级:	日期:	任务页 2

任务分组

　　班级学生分组，可 4~8 人为一组，轮流担任组长，使每人都有机会锻炼自己的组织协调能力和管理能力。各组任务可以相同，也可以不同，任务分工见表 5-1。每人明确自己承担的任务，注意培养独立工作能力和团队协作能力。

表 5-1　任务分工

班级		组号		任务	
组长		时间段		指导教师	
姓名、学号	任务分工				备注

学习准备

　　1）通过资料获得关于数控机床知识，包括数控机床发展历史、机床种类、数控系统品牌，激发责任感，培养爱国情感。

　　2）根据技术资料了解数控加工工艺、数控编程的基本知识，合理进行数控加工参数的选择，培养严谨、认真的职业素养。

　　3）在教师指导下，制订零件加工工艺方案，培养踏踏实实、勇于实践的精神。

　　4）通过小组分工，编写零件数控加工程序，培养严谨认真的工作态度和团队协作精神。

　　5）在教师指导下选择安装刀具、装夹工件，按照规程操作数控机床，完成零件加工，培养精益求精的工匠精神。

项目2　数控机床编程与调试		任务5　零件数控编程与数控加工	
姓名：	班级：	日期：	信息页

获取信息

? 引导问题1：查阅资料，了解数控加工中心的主要结构组成。

? 引导问题2：与传统机械加工方法相比，数控加工有哪些特点？

? 引导问题3：自主学习数控加工工艺分析与工艺参数的基础知识。

? 引导问题4：查阅资料，了解数控系统编程规则。

? 引导问题5：什么是机床坐标系、工件坐标系？

? 引导问题6：根据零件加工要求，如何合理地选择切削参数？

? 引导问题7：查阅资料，了解刀具半径补偿的作用和方法。

? 引导问题8：数控机床对刀的作用是什么？请了解对刀的操作方法。

小提示

　　DLIM-441智能制造系统中的数控加工站如图5-2所示，主要由加工站台体、小型数控加工中心组成，作为整个系统的生产核心，进行工件的加工及测量作业。数控加工中心搭载KND K1000MC工业级数控系统，执行国际通用标准G代码编程，支持M代码及S代码，兼容Fanuc、三菱G代码和多种CAD/CAM软件（MasterCAM、UG、CAXA等编程软件）。

图5-2　DLIM-441智能制造系统中的数控加工站

项目 2 数控机床编程与调试		任务 5 零件数控编程与数控加工	
姓名:	班级:	日期:	计划页

工作计划

　　按照任务书要求和获取的信息,制订零件数控编程与数控加工的工作计划,包括零件加工工艺分析,数控程序编制,数控加工的工作准备,工艺流程安排,加工操作等工作内容和步骤,计划应考虑到安全、绿色与环保要素。零件数控编程与数控加工的工作计划见表 5-2,材料、工具、器件计划清单见表 5-3。

表 5-2 零件数控编程与数控加工的工作计划

步骤名称	工作内容	负责人

表 5-3 材料、工具、器件计划清单

序号	名称	型号和规格	单位	数量	备注

小提示

　　1)数控加工程序与数控加工工艺的关系:数控加工程序包含着数控加工工艺,数控加工工艺需要由数控加工程序的执行来体现。数控加工程序是数控加工工艺的载体,数控加工工艺是数控加工程序的灵魂。

　　2)粗加工时切削用量的选择原则:为了获得较高切削效率,根据机床动力与刚性、刀具材料与寿命等条件,依次选取尽量大的背吃刀量和尽量大的进给量,确定最佳的切削速度。

　　3)精加工时切削用量的选择原则:为了获得零件的加工精度和表面质量,依次选取较小的背吃刀量、较小的进给量和较高的切削速度。

项目2　数控机床编程与调试		任务5　零件数控编程与数控加工	
姓名：	班级：	日期：	决策页

进行决策

　　对不同组员的"零件数控编程与数控加工的工作计划"进行对比、分析、论证，整合完善，形成小组决策，作为工作实施的依据。做出计划对比分析记录，零件数控编程与数控加工的工作方案见表5-4，材料、工具、器件实施清单见表5-5。

　　记录：

表5-4　零件数控编程与数控加工的工作方案

步骤名称	工作内容	负责人

表5-5　材料、工具、器件实施清单

序号	名称	型号和规格	单位	数量	备注

项目 2 数控机床编程与调试		任务 5 零件数控编程与数控加工	
姓名:	班级:	日期:	实施页 1

工作实施

针对任务书要求和制订的工作方案，按以下步骤对零件进行加工工艺设计、数控加工程序编写和数控加工。

1. 零件加工工艺设计

（1）零件结构及技术要求分析 零件加工项目为活塞端面 21mm×21mm×5mm 的内方，四个内侧面之间为 $R3.8$mm 的圆角，尺寸精度要求较高。

（2）零件加工工艺及工装分析

1）加工方式：需要粗铣和精铣两道工序，选择可自动换刀的加工中心铣削。

2）设备工装：机床上采用立式气动自定心卡盘装夹零件。

3）加工工序及刀具选择：

① 粗铣内方：侧面留精加工余量 0.3mm，采用 ϕ8mm 立铣刀。

② 精铣内轮廓：侧面精铣采用 ϕ6mm 立铣刀。

③ 在线测量：实测工件尺寸，调整刀具参数，按图样尺寸精铣。

（3）数控加工工序卡

? 引导问题 9：根据零件加工工艺分析，填写数控加工工序卡，活塞零件端面数控加工工序卡见表 5-6。

表 5-6 活塞零件端面数控加工工序卡

数控加工工序卡片		工序号		工序内容			
		零件名称		零件图号	材料	夹具名称	加工设备
工步号	工步内容	刀具号	刀具规格	主轴转速 / $(r \cdot min^{-1})$	进给速度 / $(mm \cdot min^{-1})$	背吃刀量 /mm	备注
编制		审核		批准		第 页	共 页

项目2　数控机床编程与调试		任务5　零件数控编程与数控加工			
姓名：	班级：	日期：		实施页　2	

活塞零件端面数控加工工序卡（参考）见表5-7。

表5-7　活塞零件端面数控加工工序卡（参考）

数控加工工序卡片		工序号	01	工序内容	铣削活塞端面内方		
		零件名称	零件图号	材料	夹具名称	加工设备	
		活塞	5-1	铝	自定心卡盘	加工中心	
工步号	工步内容	刀具号	刀具规格	主轴转速 / $(r \cdot min^{-1})$	进给速度 / $(mm \cdot min^{-1})$	背吃刀量 / mm	备注
1	粗铣	T01	ϕ 8mm 立铣刀	3000	500	3.50	
2	精铣	T02	ϕ 6mm 立铣刀	3300	200	0.06	
3	在线测量	T03	测量刀头	主轴定向			
编制		审核		批准		第　页	共　页

2. 零件加工数控编程

? 引导问题 10：画出零件加工数控编程的工作流程图。

? 引导问题 11：G00、G01、G02、G03 指令的功能是什么？它们有什么不同？

? 引导问题 12：模态（续效）指令与非模态指令的含义是什么？

? 引导问题 13：请解释分别执行"G90 X20 Y15"与"G91 X20 Y15"这两个程序段时的机床动作。

? 引导问题 14：请举例说明刀具半径补偿解决了什么问题？需要用什么指令来实现？

? 引导问题 15：根据图 5-1 所示的活塞零件图和活塞零件端面数控加工工序卡，编制加工中心铣削活塞端面内方的数控加工程序（包括粗加工和精加工）。数控系统为 KND K1000MC，可选取工件上表面中心为编程原点。

项目 2　数控机床编程与调试		任务 5　零件数控编程与数控加工	
姓名：	班级：	日期：	实施页　3

小提示

数控加工程序（参考）见表 5-8。

表 5-8　数控加工程序（参考）

<table>
<tr><td rowspan="1">粗加工参考程序</td><td>

00039 M17;
（T1 | 8 平 底 刀 | H1 | XY STOCK TO LEAVE - .06 | Z STOCK TO LEAVE - 0.);
（T2 | 6 平底刀 | H2 | D2 | WEAR COMP | TOOL DIA. - 6.);
N100 G21;
N110 G0 G17 G40 G49 G80 G90;
N120 T1 M6;1 号刀
N130 G0 G90 G54 X-4.313 Y2.232 A0. S3000 M3;
N140 G43 H1 Z50.;
N150 Z1.;
N160 G1 Z.15 F100.;红点下 z
N170 G3 X-4.94 Y-.14 Z.02 I4.173 J-2.372;
N180 X-3.92 Y-3.098 Z-.147 I4.8 J0.;
N190 G1 X-2.44 Y-1.94 F500.;
N200 X2.44;
N210 Y2.06;
N220 X-2.44;

</td><td>

N230 Y-1.94;
N240 X-5.94 Y-5.94;
N250 X5.94;
N260 Y5.94;
N270 X-5.94;
N280 Y-5.94;
N290 G0 Z2.;
N300 X-4.313 Y2.232; N310 Z.5;
N320 G1 Z-1.0 F100.;
N350 G1 X-2.44 Y-1.94 F500.;
N360 X2.44;
N370 Y2.06;
N380 X-2.44;
N390 Y-1.94;
N400 X-5.94 Y-5.94;
N410 X5.94;
N420 Y5.94;
N430 X-5.94;
N440 Y-5.94;
N450 G0 Z2.;
N460 X-4.313 Y2.232;
……

</td><td>

……

N56555 Z.5;
N5660 G1 Z-5. F200.;
N5670 G41 D2 Y7. F200.;
N5680 X-6.2 Y10.;
N5690 G3 X-10. Y6.2 I0. J-1.;
N5700 G1 Y-6.2;
N5710 G3 X-6.2 Y-10. I1. J0.;
N5720 G1 X6.2;
N5730 G3 X10. Y-6.2 I0. J1.;
N5740 G1 Y6.2;
N5750 G3 X6.2 Y10. I-1. J0.;
N5760 G1 G40 Y6.;
N5770 G0 Z25.;
N5780 M5;

</td></tr>
<tr><td rowspan="1">精加工和在线测量参考程序</td><td>

N5590 G91 G28 Z0.;
N5600 A0.;
N5610 M01;
N5620 T2 M6;
N5630 G0 G90 G54 X6. Y6. A0. S3300 M3;
N5640 G43 H2 Z25.;
N5650 Z10.;
N56555 Z1.;
N5660 G1 Z-5. F200.;
N5670 G41 D2 Y7. F200.;
N5680 X-6.2 Y10.;
N5690 G3 X-10. Y6.2 I0. J-1.;
N5700 G1 Y-6.2;
N5710 G3 X-6.2 Y-10. I1. J0.;
N5720 G1 X6.2;
N5730 G3 X10. Y-6.2 I0. J1.;
N5740 G1 Y6.2;
N5750 G3 X6.2 Y10. I-1. J0.;
N5760 G1 G40 Y6.;
N5770 G0 Z25.;
N5780 M5;
N5790 G91 G28 Z0.;
N5800 G28 X0. Y0. A0.;

</td><td colspan="2">

M01;
M06 T03;
（CL2）;
G17 G40 G49 G80;
G90 G54 G00 X0 Y0;
G43 H03 Z20.;
G65 P9832;
G65 P9810 Z-1.8 F240;
G65 P9812 X20. B603;
G65 P9812 Y20. B602;
G65 P9814 DC20. B605;
G65 P9811 Z-5. B606;
G65 P9810 Z20.;
G91 G28 Z0.;
T1 M6;
G91 G28 Z0.;
G91 G28 Y0. X0.;
G91 G28 A0.;
M16;
M30;

</td></tr>
</table>

项目2　数控机床编程与调试		任务5　零件数控编程与数控加工	
姓名：	班级：	日期：	实施页　4

? 引导问题16：请对表5-8中的编程语句进行注释。

3. 操作加工中心加工零件

本零件的加工在智能制造系统 DLIM-441 的加工中心上进行，该加工中心配置的数控系统为 KND K1000MC。

1）零件加工数控编程完成之后，首先在数控仿真软件上仿真运行，检查并修改程序。

2）将经过数控仿真软件检查过的零件加工数控程序导入加工中心的数控系统中，应用加工中心实现零件自动加工。

3）加工中心的操作包括开机、回参考点、安装工件、安装刀具、对刀、程序检验、单步运行、首件试切、自动加工、在线测量等步骤，具体介绍如下：

① 机床上电，数控系统启动。数控机床开机顺序（关机顺序相反）：机床电源开关→数控系统上电→待系统出现正常界面后，释放急停键。

② 机床各轴回参考点。机床各轴回参考点又称为机床回零，每次开机必须进行回零操作，其目的是使数控系统明确本次工作的机床原点位置，建立机床坐标系。回零操作的步骤：按机床操作面板上"机床零点"键，再分别按"X轴回零""Y轴回零""Z轴回零"三个键，待操作面板右上角的回零指示灯亮，各轴运动到机床零点位置，才完成了回零操作。

③ 安装工件。将零件毛坯的外圆放入立式气动自定心卡盘内，欲加工的端面向上，然后按"夹紧"键将毛坯夹紧。在智能制造系统工作时，零件毛坯是由工业机器人上料送入数控机床自定心卡盘内的。

④ 安装刀具。本零件加工选用三个刀具，它们在刀库中的刀号分别是 T01——ϕ8mm 立铣刀、T02——ϕ6mm 立铣刀、T03——在线测量刀。

⑤ 对刀操作。数控机床对刀的目的是建立工件坐标系（编程坐标系），使数控系统能够按程序控制刀具运动来实现加工。

a. X 轴对刀，X 轴对刀操作如图 5-3 所示，在机床操作面板上按相应键使主轴铣刀旋转，再用手轮控制机床工作台 X 向运动，由远到近，减小手轮步进挡位，使毛坯慢慢向刀具靠近，待铣刀刚碰切到毛坯端面时就停下手轮，记下此时机床坐标系中的 X 轴数值。抬刀，毛坯再从另一边向刀具靠近，再记 X 轴数值。按操作面板上的"设置"键，按"X"键，X 灯亮，输入计算数值，完成 X 轴对刀。数控系统记录了工件上 X 轴的原点坐标。

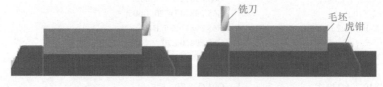

铣刀　毛坯　虎钳

图 5-3　X 轴对刀操作

同理，可完成 Y 轴对刀。数控系统记录了工件上 Y 轴的原点坐标，即工件 XY 平面的原点。

b. Z 轴对刀，启动主轴使铣刀旋转，再用手轮控制主轴向下运动（Z 轴方向），由远到近，减小手轮步进挡位，使毛坯慢慢向刀具靠近，待铣刀端面刚碰切到毛坯上表面时就停下手轮，记下此时机床坐标系中的 Z 轴数值，输入数控系统中。

项目 2 数控机床编程与调试		任务 5 零件数控编程与数控加工	
姓名:	班级:	日期:	实施页 5

⑥ 程序检验。编制好的加工程序可由 USB、网络等形式导入，也可以在数控系统面板上键入，在数控系统屏幕上逐条检查程序。

⑦ 单步运行。按机床操作面板上的"单步运行模式"键，然后每按一下操作面板上的"循环启动"键，程序运行一步，此时可以检查每一程序段。

⑧ 自动加工。经过随时准备急停应急的首件试切后，就可以进行零件的自动加工了。按操作面板上的"自动运行模式"键，再按操作面板上的"循环启动"键，程序连续执行，包括自动换刀，直至完成零件加工。

⑨ 在线测量。在线测量系统运行，测头按设定程序对加工零件进行测量，配合软件对测量结果综合评估。测量完成后，判断是否返修。若返修，对工件进行误差与质量分析，优化程序，再重新启动程序进行加工；若不返修，加工完成。

⑩ 机器人下料搬运。加工完成后，零件被工业机器人下料搬运至信息读写台的托盘上，然后经过视觉检测，被机械手送入智能仓储成品库。

? 引导问题 17：在数控机床回参考点时，若出现超程情况该如何处理？

? 引导问题 18：在数控加工过程中，由于编程错误、操作不当或设备故障等原因，可能会出现意想不到的情况，此时如何使数控机床运动立即停止？在紧急情况下都有哪些应急操作方法？

? 引导问题 19：加工中心开、关机时应注意哪些事项？开机时回参考点的目的是什么？

项目2　数控机床编程与调试			任务5　零件数控编程与数控加工	
姓名：	班级：	日期：		检查页

检查验收

对任务完成情况按照验收标准进行检查验收和评价，包括工艺制订、程序编制、零件加工精度等，并将验收问题及其整改措施、完成时间进行记录。验收标准及评分见表5-9，验收过程问题记录见表5-10。

表5-9　验收标准及评分

序号	验收项目	验收标准	满分分值	教师评分	备注
1	加工工艺设计	机床装夹、刀具选择合理，切削参数选择合理，加工工序合理可行	20		
2	加工工序卡	填写规范、正确，信息完整	10		
3	程序编制	坐标系选择合理，指令正确，程序完整，数值正确，动作无误，应用了刀具补偿功能	25		
4	机床操作	符合操作规程，步骤正确，现场安全	25		
5	零件加工质量	零件尺寸的精度在 ±0.2mm 以内，表面粗糙度符合零件要求	10		
6	安全文明生产	遵守机床安全操作规范，刀具、工具、量具放置规范	10		
	合计		100		

表5-10　验收过程问题记录

序号	验收问题记录	整改措施	完成时间	备注

? 引导问题20：零件加工精度与哪些因素有关？如何提高零件尺寸精度和表面质量？

项目 2 数控机床编程与调试	任务 5 零件数控编程与数控加工	
姓名:	班级:	日期:	评价页

评价反馈

各组展示作品，介绍任务的完成过程并提交作品，进行学生自评、学生组内互评、教师评价，完成考核评价。考核评价见表 5-11。

? 引导问题 21：在本次完成任务过程中，你攻克了哪些难点？建议举一反三，尝试自行完成另一个零件的数控编程与数控加工。

表 5-11　考核评价

评价项目	评价内容与标准	满分分值	自评 20%	互评 20%	教师评价 60%	合计
职业素养 40 分	具有职业道德、安全意识、责任意识、服从意识	8				
	积极承担任务，按时完成工作页	8				
	积极参与团队合作，主动交流发言	8				
	遵守劳动纪律，现场"6S"行为规范	8				
	具有劳模精神、劳动精神、工匠精神	8				
专业能力 60 分	具备信息检索、资料分析能力	10				
	制订计划做到周密严谨	10				
	按照规程操作，精益求精	10				
	独立工作能力强，团队贡献度大	10				
	分工协作好，工作效率高	10				
	质量意识强，任务验收质量好	10				
合计		100				
创新能力 20 分	创新性思维和行动	20				
总计		120				

教师签名：　　　　　　　　　　学生签名：

项目 2　数控机床编程与调试		任务 5　零件数控编程与数控加工	
姓名：	班级：	日期：	知识页

相关知识点： 数控编程内容与步骤，数控机床坐标系和工件坐标系，数控加工程序，数控机床 / 加工中心操作，安全操作

一、数控编程内容与步骤

数控程序编制的内容主要包括分析零件图样、工艺处理、数学处理、编写零件加工程序单、程序校验。

二、数控机床坐标系和工件坐标系

1. 数控机床坐标轴

2. 数控机床坐标系原点（机床参考点）

3. 编程坐标系和工件坐标系

三、数控加工程序

1. 数控程序格式

2. 基本编程指令

四、数控机床 / 加工中心操作

DLIM-441 智能制造集成应用平台数控加工站由加工站台体、小型数控加工中心等组成，是整个系统的生产核心，进行工件的加工及测量作业，搭载的是 KND K1000MC 数控系统。

1. 机床操作面板

2. 机床回零操作

3. 对刀操作

4. 手动进给

5. 自动运行

五、安全操作

1. 超程防护

2. 紧急操作

扫码看知识：

数控编程内容与步骤，数控机床坐标系和工件坐标系，数控加工程序，数控机床 / 加工中心操作，安全操作

扫码看视频：

零件数控加工

任务 6 在线测量装置编程与应用

项目 2 数控机床编程与调试		任务 6 在线测量装置编程与应用	
姓名：	班级：	日期：	任务页 1

学习任务描述

数控机床在线测量装置是通过在线检测系统利用测头与待测物体的触发来确定接触点的位置信息。由于利用了机床数控系统的功能，使得数控系统能及时得到检测系统所反馈的信息，从而能及时修正系统误差和随机误差，改变机床的加工参数，从而保证零件加工质量，并满足智能制造系统对加工测量一体化的要求。本学习任务要求掌握在线测量装置的安装、调试、标定方法，会在线测量工件并识读宏程序数据。

学习目标

1）了解在线测量装置原理、结构、功能、应用等相关知识。

2）会安装并调试在线测量装置。

3）会进行参数设置和标定。

4）会在线测量零件并识读宏程序数据。

任务书

在数控机床上，将在线检测测头安装到数控设备主轴，调整测针，进行相关参数设置和标定，运行数控机床对零件进行在线测量，在数控系统中读取测量数据。

零件在线测量装置示意图如图 6-1 所示。

图 6-1 零件在线测量装置示意图

项目2 数控机床编程与调试		任务6 在线测量装置编程与应用	
姓名：	班级：	日期：	任务页 2

任务分组

  班级学生分组，可4～8人为一组，轮流担任组长，使每人都有机会锻炼自己的组织协调能力和管理能力。各组任务可以相同，也可以不同，任务分工见表6-1。每人明确自己承担的任务，注意培养独立工作能力和团队协作能力。

表6-1 任务分工

班级		组号		任务	
组长		时间段		指导教师	
姓名、学号		任务分工			备注

学习准备

  1）通过信息查询获得关于在线测量的相关知识，了解在线测量装置的原理，包括知名品牌、产品性能、应用领域、技术特点、发展规模，我国国产在线测量设备已经达到世界先进水平，培养民族自豪感。

  2）通过信息查询，掌握在线测量装置的构成及功能，认识到核心技术要靠自主研发才能增强实力。

  3）查询资料，制订计划并实施在线测量装置安装与调试。

  4）在教师的指导下，完成在线测量装置标定，并培养精益求精的工匠精神。

  5）在教师的指导下，在线测量零件并识读宏程序数据。

  6）逐项解决引导问题和在线测量装置应用中遇到的问题。小组进行检查验收，注重安全、节约意识的养成和综合素质的提升。

项目 2 数控机床编程与调试		任务 6 在线测量装置编程与应用	
姓名:	班级:	日期:	信息页

获取信息

？引导问题 1：自主学习工件在线测量技术的基础知识。

？引导问题 2：在线测量装置主要有哪些功能？适用于哪些工作场合？

？引导问题 3：查阅资料，了解在线测量装置的结构组成，思考如何进行组装。

？引导问题 4：在线测量装置需要做哪些调试及参数标定？为什么？

？引导问题 5：为什么要调整测针同心度？如何调整？

？引导问题 6：为什么要设定测头刀长？如何设定？

？引导问题 7：数控系统宏程序变量如何设定？

？引导问题 8：分析图 6-2 中测头与接收器之间的通信方式。

图 6-2 测头与接收器

小提示

数控机床加工零件测量，使用在线测量系统可以节省夹具成本，避免千分表手动测量找正的不便。安装在加工中心主轴上的在线测量装置采用无线电通信方式的测头，无障碍传输，测量精度小于 1μm，可自动进行装夹、找正、回转轴设定、尺寸测量，消除手动误差，降低废品率，减少机床停机时间，提高生产率，可灵活适应不同批量生产。

项目2　数控机床编程与调试		任务6　在线测量装置编程与应用	
姓名：	班级：	日期：	计划页

工作计划

按照任务书要求和获取的信息，制订无线电测头安装调试及测量的工作计划，包括在线测量装置安装、调试、标定、测量的工作准备，工艺流程安排，检查调试等工作内容和步骤，完成无线电测头安装调试及测量工作计划，计划应考虑到安全与环保要素。无线电测头安装调试及测量工作计划见表6-2，所需部件、工具计划清单见表6-3。

表6-2　无线电测头安装调试及测量工作计划

步骤名称	工作内容	负责人

表6-3　部件、工具计划清单

序号	名称	型号和规格	单位	数量	备注

小提示

在线测量装置的应用如下：

1）加工前：工件、工装的自动定位测量，工件坐标系的自动建立，工件尺寸的自动检测。

2）加工过程中：工件关键尺寸和形状的自动检测，刀具补偿值的自动修正，加工超差报警。

3）加工结束后：工件尺寸和形状的自动检测，加工超差报警。

项目 2 数控机床编程与调试		任务 6 在线测量装置编程与应用	
姓名:	班级:	日期:	决策页

进行决策

对不同组员的工作计划进行对比、分析、论证，整合完善，形成小组决策，作为工作实施的依据。做出计划对比分析记录，无线电测头安装调试及测量方案见表 6-4，部件、工具实施清单见表 6-5。

记录:

表 6-4 无线电测头安装调试及测量方案

步骤名称	工作内容	负责人

表 6-5 部件、工具实施清单

序号	名称	型号和规格	单位	数量	备注

项目2 数控机床编程与调试		任务6 在线测量装置编程与应用	
姓名：	班级：	日期：	实施页 1

工作实施

数控机床在线测量装置安装、调试、测量的步骤如下：

一、在线测量装置的安装与调试

1. 组装测头

将拉钉与刀柄装好（螺纹连接），将测针旋入测头座，再将测头座装入刀柄。测头上的 4 个小顶丝，应适当拧紧但不紧死，以便于后面调整。拉钉、刀柄、测针的安装如图 6-3 所示。

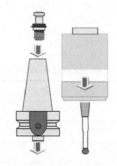

图 6-3   拉钉、刀柄、测针的安装

2. 调整测针同心度

1）将测头装入数控机床主轴中，测针的径向最高点碰触千分表并旋转主轴 360° 观察测杆的圆周跳动。千分表的测量位置是：对于红宝石球测针，千分表需接触到红宝石球体最大直径；对于圆柱平底测针，千分表一般对准测针底部上移 1～2mm 的位置。

2）用刀柄上的两个 M5×12 尖头螺钉把测头固定在刀柄配合面，螺钉安装力矩不大于 2N·m。再通过测头顶部安装环的四个 M5×6 平头螺钉调整测针的径向跳动。调整方法：把跳动最大值方向的螺钉适当松开，同时对向的螺钉立即锁紧，再次检查跳动值。再把跳动最大值方向的螺钉适当松开，同时对向的螺钉立即锁紧，再次检查跳动值……如此循环下去，直至最大径向跳动误差减小到误差范围内，如 0.005mm（这个误差将由测头校正补偿系统补偿）。调整测针同心度示意图如图 6-4 所示。

3）同心度调整完成后，应使四个顶丝均匀受力，注意测头上四个顶丝不能用太大力锁死，否则会损坏测头。再将刀柄上的两个 M5×12 尖头螺钉锁紧。最后再次手动将主轴旋转 360°，检查确认测针的圆周径向跳动在规定误差范围内。

项目2　数控机床编程与调试		任务6　在线测量装置编程与应用	
姓名：	班级：	日期：	实施页　2

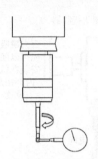

图 6-4　调整测针同心度示意图

3. 标定测头长度

1）根据加工零件的刀具对刀面，选择合适的对刀点。操作数控机床手轮 Z 轴按常速向下移动，当测针下降至对刀点上方 5～10mm 处时，改用慢速把测针向下移动直到测头的绿灯（或蓝灯）亮起并闪烁，此时需在 5s 内把测针抬起至测头灯熄灭。

2）切换手轮为 ×10 挡位，慢速把测针向下移动直到测头的绿灯（或蓝灯）亮起并闪烁，此时须在 5s 内把测针抬起至测头灯熄灭。

3）切换手轮为 ×1 挡位，慢速把测针向下移动直到测头的绿灯（或蓝灯）亮起并闪烁，此时须在 5s 把测针慢速抬起至测头灯刚刚熄灭。记录此时的刀长值，完成测头长度标定。测头长度标定示意图如图 6-5 所示。

注意：当测针被压住超过 5s，蓝灯绿灯同时闪烁，除非有遥控信号输入或者测针被再次触碰，否则测头会进入配置模式并维持 25s。配置模式下不能用于对刀和测量。

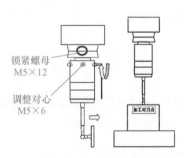

图 6-5　测头长度标定示意图

4. 安装红外线测头接收器

1）DRR-1 型无线电测头接收器直径为 52mm，使用万向调节机构，先将背后强力磁铁安装于机床金属机体上。接收器尽量安装在和测头同一高度，接收面尽量正对准测头方向，最大夹角不能超过 30°。最后接上四芯电缆。

2）无线电传输测头接线方式如图 6-6 所示。对于数控系统 KND K1000MC，对应接线为：红色线接机床 DC 24V 电源，黑色线接机床 DC 0V 电源，绿色线 ×1.7(SKIP) 接机床跳转信号接口，黄色线接机床跳转信号 COM 口或 DC 0V（注意黄色线不能接机床 DC 24V）。

项目2　数控机床编程与调试	任务6　在线测量装置编程与应用
姓名：　　　　　班级：	日期：　　　　　　　实施页　3

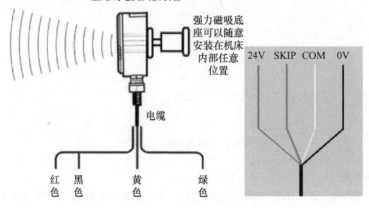

图6-6　无线电传输测头接线方式

5. 测头与接收器的信号规定

（1）测头三色 LED

1）安装电池后激活时：蓝、绿、黄灯同时闪一下后熄灭。

2）电池电量不足时：黄灯闪。

3）测针触碰时：蓝灯闪。

（2）接收器两色 LED

1）接通电源配对时：蓝灯快闪一下后熄灭。

2）待机中：蓝灯常亮。

3）收到触发信号：蓝灯熄灭 150ms 后常亮。

二、工件在线测量

1. 单个平面测量

当通过以上步骤进行找正和标定后，测头可以用来测量工件，如能被调用的测量工件单个平面的宏程序为：

1）程序名：O9811。

2）调用格式：G65　P9811　Xx / Yy / Zz　Bb[Ss]。

3）注意事项：程序中禁止选择以下赋值条件同时输入。

① S、T 同时输入（即不可同时更新刀长补偿和工件坐标补偿）。

② S、H 同时输入（即避免形状尺寸公差影响工件坐标补偿）。

③ T、M 同时输入（即避免形状的实际位置公差影响刀长补偿）。

4）必要赋值条件：

① x,y,z= 面的位置或尺寸。

② Bb= 要设置的宏变量号，将测量结果放入指定的宏变量号中。

项目 2 数控机床编程与调试		任务 6 在线测量装置编程与应用	
姓名：	班级：	日期：	实施页 4

例如：G65 P9811 Z0. B600，此宏程序含义是调用 O9811 进行 Z 方向的测量，更新坐标 G54 中的 Z 坐标，同时将测量出的实际 Z 方向的数值放在 #600 变量中，运行完此条程序后，可以直接在 #600 中查看实测数据。

③ Ss= 要设置的工件补偿号，工件补偿号将被更新。

5）单个平面（Z）测量程序实例见表 6-6。

表 6-6 单个平面（Z）测量程序实例

序号	程序内容	备注
1	%	程序格式
2	O8011	程序名
3	M06 T24;	选择 24 号刀，即测头
4	G56 X30. Y0.;	G56 工件坐标系，开始位置
5	G43 H24 Z100.;	激活 24 号刀补，定位到 Z 轴 100mm 处
6	G65 P9832;	旋转开启测试（包含 M19 主轴定位）
7	G65 P9810 Z5. F3000;	保护定位到面
8	G65 P9811 Z0. T24;	测量 Z 平面，更新刀具补偿
9	G65 P9810 Z100;	保护定位移动
10	M30;	程序结束
11	%	程序格式

2. 测头校准

无线电测头使系统的每个部分都能引入一个测针触发位置与报告给机床的位置之间的常量。如果测头未经校准，该常量将在测量中产生误差。校准测头允许测量软件对该常量进行补偿。在正常使用过程中，触发位置和报告位置之间的常量不会变化，但在以下情况下需要对测头进行校准：

1）第一次使用测头系统时。

2）测头上安装新的测针时。

3）怀疑测针变形或测头发生碰撞时。

4）定期补偿机床的机械变化时。

5）测头刀柄重新安装的重复性差时。这时，每次使用测头时都要对其重新标定测针对中的端部，以减少主轴和刀具方向变化所造成的影响。用环规或已知直径的标准球校准测头将自动存储半径值。存储的数据被测量循环自动使用，以得到特征的实际尺寸。这些值也被用来获得单个平面的实际位置。

3. 测头对刀设置

如果坐标系更新，测头需要对刀，例如想通过测头将工件表面自动对刀设置为 Z0，操作如下：

1）找好工件坐标系，例如 G54，用测头碰工件表面，在 G54 中进行 Z0 测量，完成粗略对刀。

2）在录入方式下执行"G54；G65 P9811 S1；"，启动后动作是测头触碰工件上表面两次，然后退到起始位置，此时 G54 中的 Z 坐标被更新为准确的数值，这个数值可以作为对刀的 Z0 使用。

项目 2　数控机床编程与调试		任务 6　在线测量装置编程与应用	
姓名：	班级：	日期：	实施页　5

小提示

　　测头的结构与性能：以 DRP40 型测头为例，这是红外线紧凑型三维接触式工件检测测头，被广泛应用在使用机床测头的零件加工企业中。其测头与接收器之间采用光学信号传输，通过双频道技术遥控器换频，解决了红外测头相互干扰的问题。DRP40 型测头的触发传感器采用硬质合金材料和微荡自主复位技术，稳定性好，重复定位精度高。系统采用多阈值功耗控制技术，两节 3.6V、1200mA 电池使用寿命可达一年以上。测头结构示意图如图 6-7 所示。

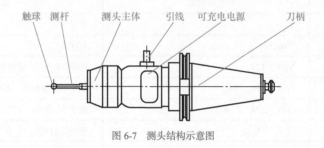

触球　测杆　　测头主体　　引线　可充电电源　　　刀柄

图 6-7　测头结构示意图

项目 2　数控机床编程与调试		任务 6　在线测量装置编程与应用	
姓名:	班级:	日期:	检查页

检查验收

针对测头安装、调试、测量等工作,对任务完成情况按照验收标准进行检查验收和评价,包括工艺质量、施工质量、在线测量准确性等,并将验收问题及其整改措施、完成时间进行记录。验收标准及评分见表 6-7,验收过程问题记录见表 6-8。

表 6-7 验收标准及评分

序号	验收项目	验收标准	满分分值	教师评分	备注
1	组装无线电测头	安装顺序正确,安装牢固	20		
2	测头的同心度	旋转主轴 360°,测杆的圆周跳动在 0.05mm 以内	20		
3	测头刀长设定	在数控系统刀补界面对应刀号查看长度数据,数据正确	20		
4	安装红外接收器	接线正确,完成标定,在数控系统中能正确显示标定数据	20		
5	在线测量工件	正确操作并识读数据	20		
	合计		100		

表 6-8 验收过程问题记录

序号	验收问题记录	整改措施	完成时间	备注

? 引导问题 9:数控系统读取的测量数据与 MES 是否一致?应如何调整?

? 引导问题 10:测量数据不准确的原因是什么?

小提示

在测头使用过程中,数控机床坐标轴除了手动移动和测量程序移动,必须使用基本程序进行移动。若测头触碰到非预期的障碍物,则需要机床立刻停止移动,程序停止,手动将轴移动离开障碍物。

项目2　数控机床编程与调试			任务6　在线测量装置编程与应用		
姓名：		班级：	日期：		评价页

评价反馈

　　各组展示作品，介绍任务的完成过程并提交阐述材料，进行学生自评、学生组内互评、教师评价，完成考核评价。考核评价见表6-9。

　　? 引导问题11：在本次任务完成过程中，给你印象最深的是哪件事？自己的能力有哪些明显提高？

　　? 引导问题12：你对在线测量技术掌握了多少？你还想继续学习关于在线测量的哪些内容？

表6-9　考核评价

评价项目	评价内容与标准	满分分值	自评20%	互评20%	教师评价60%	合计
职业素养40分	具有职业道德、安全意识、责任意识、服从意识	8				
	积极承担任务，按时完成工作页	8				
	积极参与团队合作，主动交流发言	8				
	遵守劳动纪律，现场"6S"行为规范	8				
	具有劳模精神、劳动精神、工匠精神	8				
专业能力60分	具备信息检索、资料分析能力	10				
	制订计划做到周密严谨	10				
	按照规程操作，精益求精	10				
	独立工作能力强，团队贡献度大	10				
	分工协作好，工作效率高	10				
	质量意识强，任务验收质量好	10				
合计		100				
创新能力20分	创新性思维和行动	20				
总计		120				

教师签名：　　　　　　　　　　学生签名：

项目 2　数控机床编程与调试	任务 6　在线测量装置编程与应用	
姓名:	班级:	
日期:	知识页	

相关知识点：在线测量系统基础知识

一、在线测量的定义

在线测量系统是通过控制程序，以机载红宝石测头对产品进行尺寸方面类似坐标测量机式的测量，通过计算机系统的处理与判断，计算出被测产品的尺寸值，并进行几何公差的评价，迅速在线测得一些关键尺寸的数据。由数控机床主轴测头测得的这些关键尺寸，可通过控制器反馈给数控系统，数控系统据此进行加工程序参数调节，从而实现数控机床高精度加工零件的闭环控制。

二、在线测量的特点

数控机床配置在线测量系统后，可以使高度自动化的数控机床更有效地连续工作，弥补了数控机床闭环控制环节的最后一环，提高了数控机床的精度和自动补偿关键能力。

三、在线测量的功能

长度测量、角度测量、位置度测量、形状度测量。

四、在线测量系统的组成

五、输出数据的处理

六、测头电池的安装与更换

七、测针的安装与更换

八、测头的日常维护

九、测针复位故障处理

扫码看知识:

在线测量系统基础知识

项目3

工业机器人编程与调试

项目3 工业机器人编程与调试		任务7～任务8	
姓名：	班级：	日期：	项目页

项目导言

本项目面向零件加工智能制造系统集成应用平台，以工业机器人编程与调试为学习目标，以任务驱动为主线，以工作进程为学习路径，对相关的工业机器人的 WorkVisual 配置典型工业机器人任务编程与调试等学习内容分别进行了任务部署，针对各项学习任务给出了任务要求、学习目标、工作步骤（六步工作法）、评价方案、学习资料等工作要求和学习指导。

项目任务

1. 工业机器人的 WorkVisual 配置
2. 典型工业机器人任务编程与调试

项目学习摘要

任务 7   使用 WorkVisual 配置工业机器人

项目 3 工业机器人编程与调试		任务 7 使用 WorkVisual 配置工业机器人	
姓名：	班级：	日期：	任务页 1

学习任务描述

工业机器人在系统应用之前需要进行相关配置，例如智能制造系统集成应用平台中的 KUKA 工业机器人，在编程调试之前首先需要进行安全配置和 I/O 地址配置。本学习任务要求完成 WorkVisual 软件的安装，KR C4 compact 安全配置，应用 WorkVisual 软件完成 I/O 地址配置，以保证工业机器人编程和调试工作正常进行。

学习目标

1）了解 KUKA 工业机器人离线软件 WorkVisual 的知识。

2）完成 KUKA 工业机器人的安全配置。

3）完成 KUKA 工业机器人的 I/O 地址配置。

任务书

在零件加工智能制造系统中，用 KUKA 工业机器人搬运物料。工业机器人工作站主要由六轴工业机器人、机器人快换夹具、PLC、机器人行走平台、RFID 读写器、平面仓储、视觉检测系统和电磁阀等组成，实现工件搬运、托盘信息读写、机器人夹具更换等工作过程。要求完成 KUKA 工业机器人 KR C4 安全配置和 I/O 地址配置，以实现工业机器人的正常运行。

任务分组

班级学生分组，可 4～8 人为一组，轮流担任组长，使每人都有机会锻炼自己的组织协调能力和管理能力。各组任务可以相同，也可以不同，任务分工见表 7-1。每人明确自己承担的任务，注意培养独立工作能力和团协作能力。

项目3 工业机器人编程与调试		任务7 使用 WorkVisual 配置工业机器人	
姓名：	班级：	日期：	任务页 2

表 7-1   任务分工

班级		组号		任务	
组长		时间段		指导教师	
姓名、学号		任务分工			备注

学习准备

1）通过信息查询了解 KUKA 工业机器人的知识，以及 KUKA 工业机器人离线软件 WorkVisual 的知识，培养资料检索和学习的能力。

2）根据技术资料了解 KUKA 工业机器人安全配置、I/O 地址配置等工作内容和步骤，比较国产品牌和进口品牌的异同，正视我国与世界知名品牌工业机器人的差距，在学习国外先进技术的同时努力推动国产品牌的应用。

3）通过小组合作，制订 KUKA 工业机器人安全配置、I/O 地址配置的工作计划，培养团队协作精神。

4）在老师指导下，按照步骤要求完成 KUKA 工业机器人安全配置、I/O 地址配置操作，培养严谨、认真的职业素养。

5）逐项解决引导问题和用 WorkVisual 配置工业机器人时遇到的问题。小组进行检查验收，注重综合素质的提升。

项目 3　工业机器人编程与调试		任务 7　使用 WorkVisual 配置工业机器人	
姓名：	班级：	日期：	信息页

获取信息

? 引导问题 1：查询资料，了解 KUKA 工业机器人普遍使用的离线软件的名称和功能。

? 引导问题 2：工业机器人在应用之前需要进行哪些配置？

? 引导问题 3：工业机器人安全配置的意义是什么？

? 引导问题 4：工业机器人 I/O 地址配置的作用是什么？

? 引导问题 5：目前 KUKA 工业机器人控制系统的软件名称是什么？它具有哪些功能？

? 引导问题 6：计算机与工业机器人之间是如何通信的？

? 引导问题 7：工业机器人信号与现场总线是否可以任意连接？

小提示

WorkVisual 是 KUKA 工业机器人常用的离线软件，主要应用于 KUKA 工业机器人 KR C4 控制系统的机器人工作单元的工程环境。WorkVisual 的功能主要有：

1）离线编程：建立、导入、编辑工业机器人程序。

2）项目传输与激活：将项目传送给工业机器人控制系统，然后从工业机器人控制系统传输到 WorkVisual。

3）项目比较：项目可以是工业机器人控制系统上的一个项目或一个本机保存的项目，可针对每个项目单独决定是想沿用当前项目中的状态还是希望采用另一个项目中的状态。

4）安全配置：建立、编辑、导入、导出安全配置。

5）总线配置。

6）诊断、测量、在线显示工业机器人控制系统信息。

目前 KUKA 工业机器人普遍使用的在线软件是预装在 KUKA 工业机器人控制面板（smartPAD）中的 KUKA 系统软件 8.5（KUKA System Software，KSS）。它通常以 KUKA 智能人机界面（KUKA smart HMI）形式呈现，承担 KUKA 工业机器人运行所需的基本功能（如轨迹设计、I/O 管理、数据与文件管理等）。在工业机器人控制系统中，一般还安装有不同的工艺数据包，其中包含与应用程序相关的指令和配置。

项目 3 工业机器人编程与调试		任务 7 使用 WorkVisual 配置工业机器人	
姓名：	班级：	日期：	计划页

工作计划

　　按照任务书要求和获取的信息，制订 KUKA 工业机器人参数配置的工作计划，包括 KUKA 工业机器人安全配置、KUKA 工业机器人 I/O 地址配置等工作内容和步骤，KUKA 工业机器人安全配置工作计划见表 7-2，KUKA 工业机器人 I/O 地址配置工作计划见表 7-3。

表 7-2　KUKA 工业机器人安全配置工作计划

步骤名称	工作内容	负责人

表 7-3　KUKA 工业机器人 I/O 地址配置工作计划

步骤名称	工作内容	负责人

小提示

　　目前 KUKA 公司生产的工业机器人均属于 KR C4 系列，其参数配置需要通过计算机来完成。计算机中需要安装 KUKA 工业机器人的 WorkVisual 软件。

项目 3 工业机器人编程与调试		任务 7 使用 WorkVisual 配置工业机器人	
姓名:	班级:	日期:	决策页

进行决策

对不同组员的"KUKA 工业机器人安全配置工作计划"和"KUKA 工业机器人 I/O 地址配置工作计划"进行对比、分析、完善,形成小组决策,作为工作实施的依据。做出计划对比分析记录,KUKA 工业机器人安全配置方案见表 7-4,KUKA 工业机器人 I/O 地址配置方案见表 7-5。

记录:

表 7-4 KUKA 工业机器人安全配置方案

步骤名称	工作内容	负责人

表 7-5 KUKA 工业机器人 I/O 地址配置方案

步骤名称	工作内容	负责人

项目3　工业机器人编程与调试		任务7　使用 WorkVisual 配置工业机器人	
姓名：	班级：	日期：	实施页　1

工作实施

按以下步骤实施 KUKA 工业机器人安全配置和 I/O 地址配置。

1. KUKA 工业机器人 KR C4 安全配置

工业机器人初次通电之前需要进行安全配置，安全配置的目的是使 KR C4 控制柜的数据、KSS 软件的机器参数与实际工业机器人一致。对于初次上电的工业机器人，必须对此进行确认，才能正常操作。安全配置步骤如下：

1）在示教器上登录"Safety Maintenance"（安全调试人员），单击"主菜单"→"配置"→"用户组"，选中对应用户组，输入登录密码"kuka"完成登录。

2）单击"主菜单"→"配置"→"安全配置"，在弹出的界面单击"是"按钮。

3）示教器界面弹出"故障排除助手"对话框，选择"机器人或 RDC 存储器首次投入运行"字段，然后单击"现在激活"按钮，如图 7-1 所示。

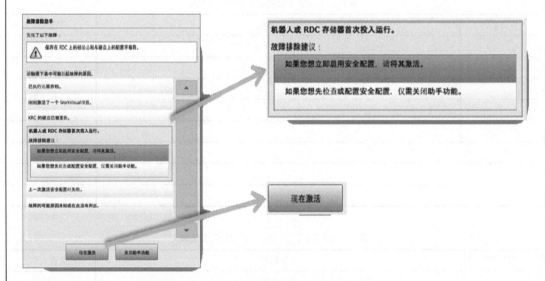

图 7-1　"故障排除助手"对话框

4）在弹出来的"安全配置确认"对话框中单击"是"按钮。

5）等待安全参数配置完成并回到 KSS 界面，然后单击"确认"按钮确认所有消息，即能上电操作工业机器人。

2. KUKA 机器人 I/O 地址配置

KUKA 公司生产的工业机器人均属于 KR C4 系列，其 I/O 地址的配置需要通过计算机来完成。I/O 地址配置在 KUKA 工业机器人 WorkVisual 软件中完成。选中并双击 WorkVisual "setup.exe"文件，软件会自动安装并配置运行环境。I/O 地址配置的主要步骤是项目上传、项目 I/O 配置、项目下载。

项目 3　工业机器人编程与调试		任务 7　使用 WorkVisual 配置工业机器人	
姓名：	班级：	日期：	实施页　2

（1）项目上传

1）将网线与控制柜的"KLI"网口相连接，计算机网络 IP 地址应设置为与工业机器人在同一网段，通常工业机器人 IP 地址为"172.31.1.147"，子网掩码（屏蔽）为"255.255.0.0"。单击"主菜单"→"配置"→"用户组"，登录到"专家"用户，查看工业机器人 IP 地址，如图 7-2 所示。

图 7-2　查看工业机器人 IP 地址

2）查找并上载当前工业机器人已正常运行的项目，第一时间另存为另一个名字，以防下载时覆盖原有的项目，推荐名字为"客户名 _ 机器人序列号 _ 日期"，如图 7-3 所示。

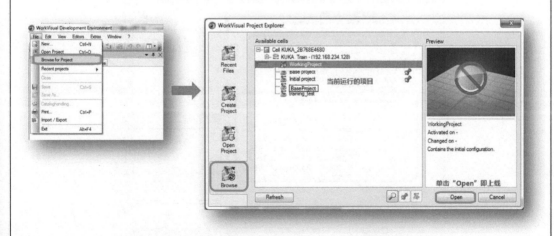

图 7-3　查找并上载当前工业机器人已正常运行的项目

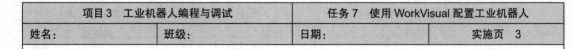

项目3　工业机器人编程与调试		任务7　使用 WorkVisual 配置工业机器人	
姓名：	班级：	日期：	实施页　3

3）项目激活，找到 SYS-X44 扩展总线，如图7-4所示。

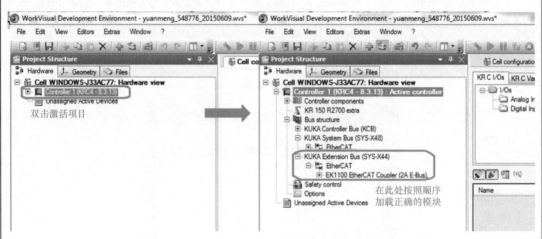

图 7-4　项目激活

（2）项目 I/O 配置

1）在 SYS-X44 扩展总线下，按照层次和顺序配置正确的模块，如图 7-5 所示。右击选择" add（添加）"命令，加入对应模块。

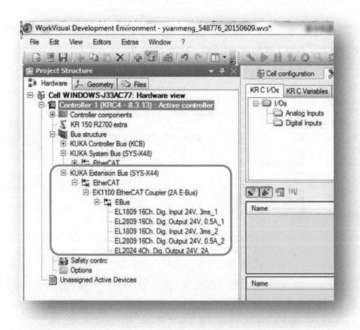

图 7-5　按顺序配置正确的模块

项目 3　工业机器人编程与调试		任务 7　使用 WorkVisual 配置工业机器人	
姓名：	班级：	日期：	实施页　4

2）如图 7-6 所示完成 I/O 地址映射。

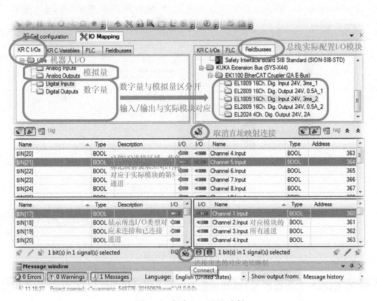

图 7-6　完成 I/O 地址映射

（3）项目下载

1）编译项目从计算机下载到工业机器人中，如图 7-7 所示。登录方式参考"安全配置"，登录到"Safety Maintenance"。

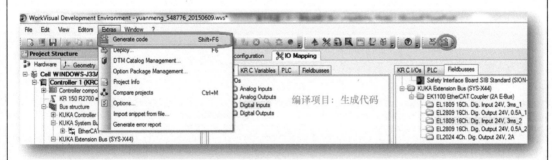

图 7-7　编译项目

2）下载项目并激活。在弹出的对话框中单击"Finish(完成)"按钮。然后，在示教器中会弹出"是否激活项目"的提示，按照提示单击"是"按钮，直到项目激活完成，如图 7-8 所示。

项目 3 工业机器人编程与调试	任务 7 使用 WorkVisual 配置工业机器人		
姓名：	班级：	日期：	实施页 5

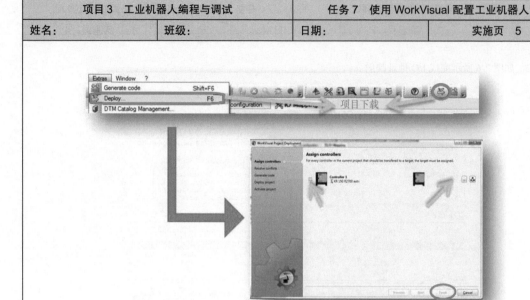

图 7-8   项目激活完成

? 引导问题 8：在 KUKA 工业机器人 I/O 地址配置之前，需要将网线与控制柜的哪个网口相连接？

? 引导问题 9：若工业机器人与计算机无法通信，应如何调整？

? 引导问题 10：在 KUKA 工业机器人安全配置和 I/O 地址配置的过程中，遇到了哪些计划中没有考虑到的问题？是如何解决的？

项目3 工业机器人编程与调试		任务7 使用 WorkVisual 配置工业机器人	
姓名:	班级:	日期:	检查页

检查验收

根据工业机器人运行情况，对任务完成情况按照验收标准进行检查验收和评价，包括安全配置、I/O 地址配置等，并将验收问题及其整改措施、完成时间进行记录。验收标准及评分见表 7-6，验收过程问题记录见表 7-7。

表 7-6 验收标准及评分

序号	验收项目	验收标准	满分分值	教师评分	备注
1	安全配置	在 KSS 界面能上电操作工业机器人	20		
2	网线连接	网线与控制柜的 "KLI" 网口连接	15		
3	计算机 IP 地址设置	计算机 IP 地址与工业机器人同一网段	15		
4	I/O 配置 1	夹爪正常能动作	25		
5	I/O 配置 2	吸盘正常能动作	25		
合计			100		

表 7-7 验收过程问题记录

序号	验收问题记录	整改措施	完成时间	备注

? 引导问题 11：如何判断 I/O 地址配置正确？

? 引导问题 12：整理写出 KUKA 工业机器人安全配置和 I/O 地址配置的易错点。

小提示

检查工业机器人 I/O 地址是否配置正确，可通过外接工业机器人工作站的电磁阀、真空发生器等外围设备，控制外围设备的通断动作来判断。例如通过夹爪的信号检测结果，可以判断电磁阀的 I/O 地址配置是否正确。

项目3　工业机器人编程与调试		任务7　使用 WorkVisual 配置工业机器人		
姓名：	班级：	日期：		评价页

评价反馈

　　各组展示作品，介绍任务的完成过程并提交阐述材料，进行学生自评、学生组内互评、教师评价，完成考核评价。考核评价见表7-8。

　　? 引导问题13：在本次任务完成过程中，给你留下印象最深的是哪件事？

　　? 引导问题14：你对 WorkVisual 了解了多少？请尝试学习更多 WorkVisual 的功能及应用。

表 7-8　考核评价

评价项目	评价内容与标准	满分分值	自评 20%	互评 20%	教师评价 60%	合计
职业素养 40 分	具有职业道德、安全意识、责任意识、服从意识	8				
	积极承担任务，按时完成工作页	8				
	积极参与团队合作，主动交流发言	8				
	遵守劳动纪律，现场"6S"行为规范	8				
	具有劳模精神、劳动精神、工匠精神	8				
专业能力 60 分	具备信息检索、资料分析能力	10				
	制订计划做到周密严谨	10				
	按照规程操作，精益求精	10				
	独立工作能力强，团队贡献度大	10				
	分工协作好，工作效率高	10				
	质量意识强，任务验收质量好	10				
合计		100				
创新能力 20 分	创新性思维和行动	20				
总计		120				

教师签名：　　　　　　　　　　学生签名：

项目 3　工业机器人编程与调试		任务 7　使用 WorkVisual 配置工业机器人	
姓名：	班级：	日期：	知识页

相关知识点： 工业机器人基础知识，WorkVisual 软件介绍

一、工业机器人基础知识

1. 工业机器人结构

2. 工业机器人应用

二、WorkVisual 软件介绍

WorkVisual 作为 KUKA 工业机器人配套软件，为工业机器人提供配置、离线编程、调试、诊断的工程环境，直观且易于操作。它能与 KR C4 工业机器人控制、PLC 控制、运动控制和安全控制协调，能与输入 / 输出配置连接，能与外部运动系统、RoboTeams（机器人团队）和 Save-Robot 3.0 进行直接配置。它可以离线补充并删除可能出现的冲突，这大幅度缩短了调试时间，同时也将风险降为最低。

1. WorkVisual 优势

2. WorkVisual 功能

3. WorkVisual 操作界面

4. WorkVisual 软件操作

扫码看知识：

工业机器人基础知识，WorkVisual 软件介绍

任务8 典型工业机器人任务编程与调试

项目3 工业机器人编程与调试		任务8 典型工业机器人任务编程与调试	
姓名：	班级：	日期：	任务页 1

学习任务描述

在零件加工智能制造系统中，应用工业机器人进行物料在各设备之间的传送。观看零件加工智能制造系统工作过程视频，如 DLIM-441 智能制造系统，了解其中工业机器人需要执行的典型任务为搬运物料，实现物料的"机床上料、下料，信息读写、检测、更新"过程。本学习任务要求对工业机器人运动控制进行编程和调试，协助系统完成零件智能加工过程。

学习目标

1）了解工业机器人编程与调试的知识和要求。

2）分析零件加工智能制造系统中工业机器人的典型任务。

3）设计并绘制出工业机器人程序流程框图。

4）编写工业机器人程序并进行程序调试。

5）了解并尝试进行工业机器人通信设置与通信调试。

任务书

针对零件加工智能制造系统中工业机器人的典型任务，完成工业机器人编程与调试。工业机器人的工作过程：将物料毛坯从缓冲位"搬运"到信息读写位，待信息写入完成后"搬运"至数控机床"上料"，待数控机床加工完成后，将工件成品从数控机床"下料"，把工件成品托盘"搬运"至智能视觉检测位，待检测完成后，将工件成品托盘"搬运"至信息读写位，待信息更新（零件合格或不合格）完成后，将工件成品托盘"搬运"到缓冲区（待智能仓库单元入库）。

DLIM-441 智能制造系统的工业机器人工作站如图 8-1 所示。

机器人站   机器人夹具及信息读写台   视觉检测工位   数控机床工件夹具

图 8-1 DLIM-441 智能制造系统的工业机器人工作站

项目3　工业机器人编程与调试		任务8　典型工业机器人任务编程与调试	
姓名:	班级:	日期:	任务页　2

任务分组

　　班级学生分组,可 4～8 人为一组,轮流担任组长,使每人都有机会锻炼自己的组织协调能力和管理能力。各组任务可以相同,也可以不同,任务分工见表 8-1。每人明确自己承担的任务,注意培养独立工作能力和团队协作能力。

表 8-1　任务分工

班级		组号		任务		
组长		时间段		指导教师		
姓名、学号	任务分工					备注

学习准备

　　1)通过信息查询获得关于工业机器人编程和调试的相关知识,培养资料检索和自主学习能力。

　　2)通过现场或视频,了解零件加工智能制造系统的工作过程,分析工业机器人的典型任务,对国产智能制造的应用产生民族自豪感,努力推动国产智能制造系统和工业机器人的发展和应用。

　　3)通过小组合作,制订工业机器人程序编写和调试工作计划,做出实施决策,培养团队协作精神。

　　4)组员协作,设计并绘制程序流程框图,了解程序编制的规范,养成严谨、认真的职业素养。

　　5)在教师的指导下,按照工业机器人编程指令和语句格式编写工业机器人程序,培养编程思路和逻辑表达能力。

　　6)在教师的指导下,对所编制的工业机器人程序依次用仿真模拟和示教器进行修改。

　　7)在教师的指导下,了解并尝试进行工业机器人与外部设备通信调试的方法。

项目3　工业机器人编程与调试		任务8　典型工业机器人任务编程与调试	
姓名：	班级：	日期：	信息页

获取信息

? 引导问题1：根据零件加工智能制造系统工作情况，分析工业机器人工作运行路线，并绘图表示。

? 引导问题2：根据任务书，分析并绘制智能制造系统工作流程图。

? 引导问题3：自主学习工业机器人程序设计的方法和步骤。

? 引导问题4：查阅资料，了解工业机器人程序流程图的绘制方法。

? 引导问题5：查阅资料，了解工业机器人主程序和子程序的编写及调试方法。

? 引导问题6：查阅资料，工业机器人编程中用于控制程序流程的指令有哪些？

? 引导问题7：查阅资料，了解工业机器人与PLC的通信方法。

? 引导问题8：查阅资料，了解工业机器人的调试方法。

小提示

机器人程序的结构是体现其使用价值的重要因素，程序结构合理规范，程序就易于理解、执行，效果就好。在工业机器人程序指令中，除了运动指令和通信指令（切换和等待功能）之外，还有许多用于控制程序流程的指令，如循环指令和分支指令。其中，循环指令分为无限循环、计数循环、当型循环和直到型循环四种，它可以控制程序不断重复执行指令块，直至出现终止条件；分支指令分为条件分支和多分支指令，它可以控制程序只在特定的条件下执行程序段。

项目 3　工业机器人编程与调试		任务 8　典型工业机器人任务编程与调试	
姓名：	班级：	日期：	计划页

工作计划

　　按照任务书要求和获取的信息，制订智能制造系统工业机器人"机床上料、下料，信息读写、检测、更新"的物料搬运工作计划，包括任务分析、程序流程图设计、程序编写、程序调试等工作内容和步骤。KUKA 工业机器人编程工作计划见表 8-2，KUKA 工业机器人程序调试工作计划见表 8-3。

表 8-2　KUKA 工业机器人编程工作计划

步骤名称	工作内容	负责人

表 8-3　KUKA 工业机器人程序调试工作计划

步骤名称	工作内容	负责人

小提示

工业机器人程序设计的步骤如下：

1）分析工业机器人的工作任务。

2）画出工业机器人工作流程框图。

3）设计程序流程图。

4）编写程序。

5）调试运行和优化程序。

项目 3 工业机器人编程与调试		任务 8 典型工业机器人任务编程与调试	
姓名：	班级：	日期：	决策页

进行决策

　　对不同组员的"KUKA 工业机器人编程工作计划"和"KUKA 工业机器人程序调试工作计划"进行对比、分析、完善，形成小组决策，作为工作实施的依据。做出计划对比分析记录，KUKA 工业机器人编程方案见表8-4，KUKA 工业机器人程序调试方案见表8-5。

　　记录：

表 8-4   KUKA 工业机器人编程方案

步骤名称	工作内容	负责人

表 8-5   KUKA 工业机器人程序调试方案

步骤名称	工作内容	负责人

项目 3　工业机器人编程与调试		任务 8　典型工业机器人任务编程与调试	
姓名：	班级：	日期：	实施页　1

工作实施

按照给定的智能制造系统中工业机器人工作要求，编写工业机器人程序并进行调试，实施步骤如下：

一、编写工业机器人程序

1. 分析工业机器人工作任务

在零件加工智能制造系统中，以零件加工智能制造系统 DLIM-441 为例，工业机器人所要做的工作：搬运物料实现物料的机床上料、下料，信息读写、检测、更新过程。

? 引导问题 9：根据任务书给出零件加工智能制造系统工作情况，分析工业机器人工作运行路线，绘制零件加工智能制造系统工艺流程框图。

小提示

根据任务书，零件加工智能制造系统 DLIM-441 工艺流程框图如图 8-2 所示，其中七个任务环节由 KUKA 机器人搬运完成。

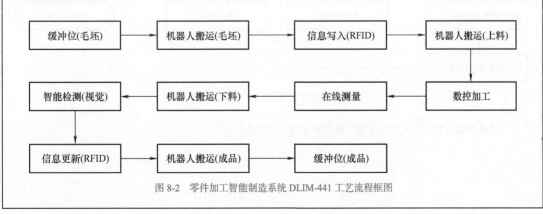

图 8-2　零件加工智能制造系统 DLIM-441 工艺流程框图

项目 3 工业机器人编程与调试		任务 8 典型工业机器人任务编程与调试	
姓名：	班级：	日期：	实施页 2

2. 设计工业机器人程序流程图

根据系统工艺流程框图，设计并绘制工业机器人主程序流程图和上料子程序流程图。

? 引导问题 10：请根据工业机器人的工作任务，设计并绘制工业机器人主程序流程图。

? 引导问题 11：请设计并绘制工业机器人数控机床上料（或下料）子程序流程图。

小提示

1）工业机器人主程序流程参考图，如图 8-3 所示。

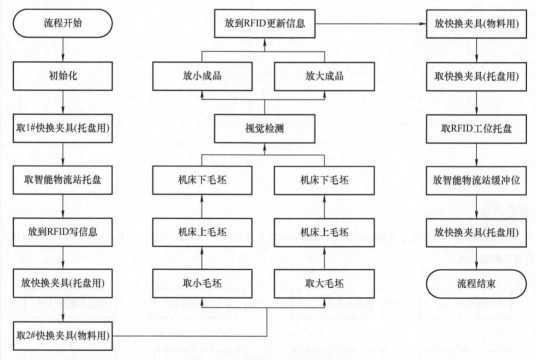

图 8-3   工业机器人主程序流程参考图

2）工业机器人数控机床上料子程序流程参考图，如图 8-4 所示。

项目 3 工业机器人编程与调试		任务 8 典型工业机器人任务编程与调试	
姓名：	班级：	日期：	实施页 3

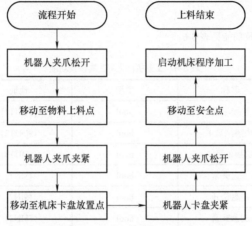

图 8-4 工业机器人数控机床上料子程序流程参考图

3）工业机器人数控机床下料子程序流程参考图，如图 8-5 所示。

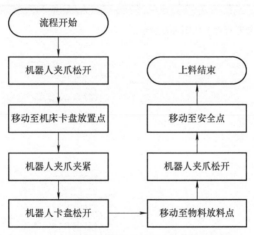

图 8-5 工业机器人数控机床下料子程序流程参考图

3. 编写工业机器人程序

设置工业机器人原点位置、I/O 端口初始状态、程序变量或寄存器初值等。在 KUKA WorkVisual 软件中编写工业机器人主程序和子程序。

? 引导问题 12：工业机器人编程时，原点位置设置有什么要求？

? 引导问题 13：工业机器人的哪些 I/O 端口需要设置初始状态？请写出各端口的初始状态值。

? 引导问题 14：程序中需要用到哪些数据变量或寄存器初值？

? 引导问题 15：请根据工业机器人主程序流程图，编写工业机器人主程序。

? 引导问题 16：请根据工业机器人数控机床上料（或下料）子程序流程图，编写工业机器人上料（或下料）子程序。

项目3　工业机器人编程与调试		任务8　典型工业机器人任务编程与调试	
姓名：	班级：	日期：	实施页　4

小提示

1）工业机器人 I/O 端口及功能见表 8-6。

表 8-6　工业机器人 I/O 端口及功能

序号	名称	类型	地址	备注
1	快换主盘	bool	[$OUT1]	
2	快换副盘 1	bool	[$OUT2]	
3	快换副盘 2	bool	[$OUT3]	
4	主盘夹紧	bool	[$IN1]	
5	主盘松开	bool	[$IN2]	
6	副盘夹紧	bool	[$IN3]	
7	副盘松开	bool	[$IN4]	
8	1# 快换夹具有无	bool	[$IN5]	
9	2# 快换夹具有无	bool	[$IN6]	

2）工业机器人主程序（参考程序）如图 8-6 所示。

图 8-6　工业机器人主程序（参考程序）

3）工业机器人数控机床上料子程序（参考程序）、下料子程序（参考程序）如图 8-7 所示。

项目 3　工业机器人编程与调试		任务 8　典型工业机器人任务编程与调试	
姓名：	班级：	日期：	实施页　5

```
jcsxl ( )
  1   &ACCESS RVO1
  2   &REL 50
  3   &PARAM DISKPATH = KRC:\R1\Program\DLIM_441
  4 ⊟ DEF jcsxl ( )
  5 ⊞ INI
 16 ⊞ PTP HOME  VEL= 100 % DEFAULT
 24 ⊞ WAIT FOR receive_2==1
 25 ⊞ PTP JCSXL GD VEL=100 % PDAT1 TOOL[1]:TOOL1 BASE[0]
 36 ⊞ PTP JCSXL GD1 VEL=100 % M/S CPDAT3 TOOL[1]:TOOL1 BASE[0]
 47 ⊞ LIN JCSXL GD2 VEL=0.4 M/S CPDAT2 TOOL[1]:TOOL1 BASE[0]
 58 ⊞ LIN JCSXL GD3 VEL=0.4 M/S CPDAT1 TOOL[1]:TOOL1 BASE[0]
 69   LIN offset(XSMALL1,0,0,25)
 70   LIN XSMALL1
 71   WAIT SEC 1
 72   $OUT[1]=FALSE
 73   $OUT[3]=TRUE
 74   send_2=1
 75   WAIT SEC 1
 76   WAIT FOR receive_2==2
 77   LIN offset(XSMALL1,0,0,25)
 78   LIN offset(XSMALL1,0,-200,25)
 79 ⊞ LIN JCSXL GD2 VEL=0.4 M/S CPDAT3 TOOL[1]:TOOL1 BASE[0]
 90 ⊞ LIN JCSXL GD3 VEL=0.4 M/S CPDAT1 TOOL[1]:TOOL1 BASE[0]
101 ⊞ PTP JCSXL GD VEL=100 % DEFAULT TOOL[1]:TOOL1 BASE[0]
112   send_2=2
113   END
114 ⊟ DEFFCT E6POS offset(p:in,rx:in,ry:in,rz:in)
115   E6POS p
116   real rx,ry,rz
117   p.x=p.x+rx
118   p.y=p.y+ry
119   p.z=p.z+rz
120   return(p)
121   ENDFCT
```

```
jcxxl ( )
  1   &ACCESS RVO1
  2   &REL 61
  3   &PARAM DISKPATH = KRC:\R1\Program\DLIM_441
  4 ⊟ DEF jcxxl ( )
  5 ⊞ INI
 16 ⊞ PTP JCSXL GD VEL=20 % DEFAULT TOOL[1]:TOOL1 BASE[0]
 27 ⊞ WAIT FOR receive_2==3
 28 ⊞ PTP JCSXL GD1 VEL=20 % PDAT1 TOOL[1]:TOOL1 BASE[0]
 39 ⊞ LIN JCSXL GD1 VEL=0.4 M/S CPDAT1 TOOL[1]:TOOL1 BASE[0]
 50 ⊞ LIN JCSXL GD3 VEL=0.4 M/S CPDAT2 TOOL[1]:TOOL1 BASE[0]
 61   LIN offset(XSMALL1,0,0,25)
 62   LIN XSMALL1
 63   WAIT SEC 1
 64   send_2=3
 65   WAIT FOR receive_2==4
 66   $OUT[3]=FALSE
 67   $OUT[1]=TRUE
 68   WAIT SEC 1
 69   send_2=4
 70   WAIT FOR receive_2==5
 71   LIN  offset(XSMALL1,0,0,25)
 72   LIN offset(XSMALL1,0,-200,25)
 73 ⊞ LIN JCSXL GD2 VEL=0.4 M/S CPDAT3 TOOL[1]:TOOL1 BASE[0]
 84 ⊞ LIN JCSXL GD1 VEL=0.4 M/S CPDAT4 TOOL[1]:TOOL1 BASE[0]
 95 ⊞ PTP JCSXL GD VEL=30 % PDAT4 TOOL[1]:TOOL1 BASE[0]
106   send_2=5
107   END
108 ⊟ DEFFCT E6POS offset(p:in,rx:in,ry:in,rz:in)
109   E6POS p
110   real rx,ry,rz
111   p.x=p.x+rx
112   p.y=p.y+ry
113   p.z=p.z+rz
114   return(p)
115   ENDFCT
```

　　　　a) 数控机床上料程序(小料)　　　　　　　　　　b) 数控机床下料程序(大料)

图 8-7　工业机器人数控机床上料子程序（参考程序）、下料子程序（参考程序）

二、工业机器人程序调试

　　完成程序的编辑后，需对程序进行调试，检查动作顺序、轨迹和位置点是否正确，逻辑控制是否合理。程序调试可以先用工业机器人虚拟仿真软件进行模拟及修改，确认动作顺序正确后，再下载到工业机器人控制器中，进一步按照功能模块调试并修改程序。

　　？引导问题 17：请在工业机器人虚拟仿真软件中调试所编制的工业机器人主程序（或数控机床上料子程序、数控机床下料子程序），并记录调试步骤和所解决的问题。

　　？引导问题 18：通过示教器对仿真软件调试后的工业机器人主程序（或数控机床上料子程序、数控机床下料子程序）进行逐步执行、检查、修正，并记录调试步骤和所解决的问题。

三、工业机器人通信设置与通信调试

　　？引导问题 19：请参考知识页资料，进行工业机器人通信设置。

　　？引导问题 20：请参考知识页资料，进行工业机器人与 PLC 通信调试。

项目3　工业机器人编程与调试		任务8　典型工业机器人任务编程与调试	
姓名：	班级：	日期：	检查页

检查验收

根据工业机器人工作情况，对任务完成情况按照验收标准进行检查验收和评价，包括生产工艺流程表达、程序流程图、编程与调试、机器人通信等，并将验收问题及其整改措施、完成时间进行记录。验收标准及评分见表8-7，验收过程问题记录见表8-8。

表8-7　验收标准及评分

序号	验收项目	验收标准	满分分值	教师评分	备注
1	工艺流程框图	流程正确，流程图表达无误	15		
2	主程序流程图	逻辑关系合理，流程完整	20		
3	子程序流程图	逻辑关系合理，流程完整	15		
4	主程序编写与调试	语句正确，仿真运行无误	20		
5	子程序编写与调试	语句正确，仿真运行无误	15		
6	机器人通信设置	关联信号正确、通畅	15		
合计			100		

表8-8　验收过程问题记录

序号	验收问题记录	整改措施	完成时间	备注

? 引导问题21：思考如何在程序中提高工业机器人运行效率?

小提示

工业机器人运行效率受工业机器人运行轨迹、运行工况、工艺设备、工艺参数等因素影响，通过优化，可以提高工业机器人运行效率。提高工业机器人运行效率的优化措施有：

1）轨迹优化：对工业机器人的轨迹进行优化，合理规划其运动路径和运行速度，避免过于频繁地加减速，增强轨迹的平滑性，并选择恰当的空间运动曲线，提高运行效率。

2）匹配性优化：工业机器人处于额定负载时，不仅可以充分满足性能要求，而且电动机容量的利用率很高，此时工业机器人能量利用率较高，应避免大负载工业机器人应用于轻量型场合。

3）质量优化：优化生产过程中的工艺参数，提高成品的合格率。

项目3 工业机器人编程与调试		任务8 典型工业机器人任务编程与调试	
姓名:	班级:	日期:	评价页

评价反馈

各组展示作品，介绍任务的完成过程并提交阐述材料，进行学生自评、学生组内互评、教师评价，完成考核评价。考核评价见表8-9。

? 引导问题22：思考工业机器人联机运行时应注意哪些安全事项？

? 引导问题23：在本次任务完成过程中，给你留下印象最深的是哪件事？自己的能力有哪些提高？

表8-9 考核评价

评价项目	评价内容与标准	满分分值	自评20%	互评20%	教师评价60%	合计
职业素养40分	具有职业道德、安全意识、责任意识、服从意识	8				
	积极承担任务，按时完成工作页	8				
	积极参与团队合作，主动交流发言	8				
	遵守劳动纪律，现场"6S"行为规范	8				
	具有劳模精神、劳动精神、工匠精神	8				
专业能力60分	具备信息检索、资料分析能力	10				
	制订计划做到周密严谨	10				
	按照规程操作，精益求精	10				
	独立工作能力强，团队贡献度大	10				
	分工协作好，工作效率高	10				
	质量意识强，任务验收质量好	10				
合计		100				
创新能力20分	创新性思维和行动	20				
总计		120				

教师签名： 学生签名：

项目 3　工业机器人编程与调试		任务 8　典型工业机器人任务编程与调试	
姓名：	班级：	日期：	知识页

相关知识点： 工业机器人编程，工业机器人调试的知识

一、工业机器人编程

1. 工业机器人编程系统

工业机器人常用编程方法有示教编程和离线编程两种。工业机器人编程系统能够把工业机器人的源程序转换成机器码，使工业机器人控制系统能直接读取和执行。

2. 工业机器人语言系统

工业机器人语言是人与工业机器人之间的一种记录信息或交换信息的程序语言，它支持工业机器人编程，控制外围设备、传感器和人机接口，同时还支持与计算机系统的通信。

3. 工业机器人程序结构

二、工业机器人与设备连接调试

1. 工业机器人性能测试

2. 气动系统测试

3. 数控机床功能测试

4. 信息读写台 RFID 读写测试

5. 视觉检测台的信号测试

6. 工业机器人外部轴控制测试

三、工业机器人与 PLC 通信调试

（一）PLC 通信配置

1. PLC 侧硬件组态

2. PLC 侧 I/O 配置

（二）工业机器人通信配置

1. 工业机器人侧硬件组态

2. 工业机器人侧 I/O 配置

（三）工业机器人与 PLC 通信调试

扫码看知识：

工业机器人编程、工业机器人调试的知识

项目 4

仓储单元编程与调试

项目 4　仓储单元编程与调试			任务 9 ～任务 10	
姓名：	班级：	日期：		项目页

项目导言

本项目面向零件加工智能制造系统，以智能仓储单元机械手取放料实现出库、入库为目标，以任务驱动为主线，以工作进程为学习路径，分别对基于 PLC 和触摸屏的仓储单元机械手取放料编程与调试的学习内容进行了任务部署，针对各项学习任务给出了任务要求、学习目标、工作步骤（六步工作法）、评价方案、学习资料等工作要求和学习指导。

项目任务

1. 基于 PLC 的仓储单元机械手取放料编程与调试
2. 基于触摸屏的仓储单元机械手取放料编程与调试

项目学习摘要

任务9   仓储单元机械手取放料编程与调试

项目4 仓储单元编程与调试		任务9 仓储单元机械手取放料编程与调试	
姓名：	班级：	日期：	任务页 1

学习任务描述

　　智能制造系统的仓储单元主要由仓储货架、三轴机械手、工件托盘及电气控制系统组成。观看零件加工智能制造系统工作过程（案例），可以看到在仓储单元中，机械手先将毛坯取料出库并运放至智能物流站中转工位，待毛坯加工完成后，成品再由机械手从中转工位放料入库。本学习任务要求编写并调试机械手取放料的PLC程序，完成机械手取放料动作，实现智能仓储单元的物料出库、入库工作要求。

学习目标

1）了解仓储单元机械手的工作原理。

2）了解电气控制系统的组成，PLC和步进电动机的工作原理。

3）完成PLC硬件组态。

4）完成机械手运动轴的配置和工艺设置。

5）完成机械手运动的手动调试。

6）完成仓储单元机械手取放料的编程与调试。

任务书

　　在零件加工智能制造系统中，智能仓储单元三轴机械手的取放料工作过程：从原点开始，完成从仓储货架取料运放到智能物流站中转工位的取料出库和放料入库动作，完成动作后三轴机械手回到原点。零件加工智能制造系统的仓储单元的仓储货架与三轴机械手如图9-1所示。

图9-1 仓储货架与三轴机械手

项目 4　仓储单元编程与调试		任务 9　仓储单元机械手取放料编程与调试	
姓名：	班级：	日期：	任务页　2

任务分组

　　班级学生分组，可 4～8 人为一组，轮流担任组长，使每人都有机会锻炼自己的组织协调能力和管理能力。各组任务可以相同，也可以不同，任务分工见表 9-1。每人明确自己承担的任务，注意培养独立工作能力和团队协作能力。

表 9-1　任务分工

班级		组号		任务	
组长		时间段		指导教师	
姓名、学号		任务分工			备注

学习准备

　　1）通过信息查询了解仓储单元机械手的工作原理，培养学习能力。

　　2）通过信息查询获得步进电动机及驱动器的知识、PLC 运动轴编程的知识，比较国内外品牌的特点，培养民族自豪感和赶超世界先进水平的信心。

　　3）参考学习资料，完成 PLC 硬件组态，培养认真细致的工作态度。

　　4）通过小组合作，完成机械手各运动轴的配置，培养举一反三的学习能力。

　　5）在教师指导下，完成仓储单元机械手取放料的编程与调试，培养精益求精的精神。

项目 4　仓储单元编程与调试		任务 9　仓储单元机械手取放料编程与调试	
姓名：	班级：	日期：	信息页

获取信息

? 引导问题 1：通过资料，了解并描述仓储单元三轴机械手的工作过程。

? 引导问题 2：自主学习步进电动机及其驱动器应用的知识。

? 引导问题 3：自主学习西门子 S7-1200 PLC 编程的知识。

? 引导问题 4：查询了解机械手运动轴所用步进电动机的类型，步进电动机脉冲数及位移步进当量等参数。

? 引导问题 5：步进电动机驱动器通过侧面的拨码可设置哪些内容？

? 引导问题 6：若是发生故障，步进电动机如何紧急停车？零点开关设置在哪里合适？

? 引导问题 7：限位开关一般采用什么传感器？是如何安装接线的？原点开关呢？

? 引导问题 8：步进电动机与步进驱动器是如何接线的？步进驱动器还有哪些接线？

? 引导问题 9：所用 PLC 是如何与步进驱动器接线的？PLC 还有哪些接线？

? 引导问题 10：请画出机械手取放料编程与调试工艺流程框图。

小提示

智能仓储单元主要由仓储货架、三轴机械手、工件托盘及电气控制系统组成，由 PLC 控制机械手实现取放料操作。

三轴机械手主要由 X、Y、Z 轴及末端夹具组成，用于工件托盘的出入库作业。X、Y、Z 轴均采用步进电动机驱动，机械传输机构 X 轴和 Y 轴为同步带，Z 轴为丝杠，各运动轴两端配置有微动开关，用于行程保护，并设有原点传感器。

项目 4 仓储单元编程与调试	任务 9 仓储单元机械手取放料编程与调试
姓名: 班级:	日期: 计划页

工作计划

按照任务书要求和获取的信息,制订三轴机械手从仓储货架取物料后运放到智能物流站中转工位的工作计划,包括 PLC 硬件组态、运动轴配置、手动调试机械手、机械手取放料编程与调试,以及部件、工具准备,工艺流程安排,检查调试等工作内容和步骤。机械手取放料工作计划见表 9-2,工具、器件计划清单见表 9-3。

表 9-2 机械手取放料工作计划

步骤名称	工作内容	负责人

表 9-3 工具、器件计划清单

序号	名称	型号和规格	单位	数量	备注

项目 4　仓储单元编程与调试		任务 9　仓储单元机械手取放料编程与调试	
姓名：	班级：	日期：	决策页

进行决策

　　对不同组员的"机械手取放料工作计划"进行对比、分析、论证，整合完善，形成小组决策，作为工作实施的依据。机械手取放料编程与调试决策方案见表 9-4，工具、器件实施清单见表 9-5。

　　记录：

表 9-4　机械手取放料编程与调试决策方案

步骤名称	工作内容	负责人

表 9-5　工具、器件实施清单

序号	名称	型号和规格	单位	数量	备注

项目 4　仓储单元编程与调试		任务 9　仓储单元机械手取放料编程与调试	
姓名：	班级：	日期：	实施页　1

工作实施

在智能制造系统集成应用平台 DLIM-441 上，按以下步骤实施仓储单元机械手取放料的编程与调试。

1. 机械手控制部分的安装与准备

1）根据电气原理图和气动原理图安装各控制部件。

2）检测各传感器是否安装正确。

3）设置步进驱动器的拨码开关。

4）各设备接线完成后，检测电源有无短路，上电查看各个用电设备是否正常，各传感器指示是否正常，查看气源是否正常，气缸能否手动动作。

5）打开西门子 PLC 博途软件（TIAPortal），查看编写、下载程序是否正常。

? 引导问题 11：安装工作实施中有哪些安全注意事项？

2. 仓储单元 PLC 硬件组态

以仓储单元 S7-1200 PLC 为例，打开西门子 PLC 博途软件（TIAPortal）进行硬件组态，重点查看各个 I/O 点与设计是否一致。硬件组态步骤：新建项目→添加新设备→添加 CPU →添加 I/O 模块和信号板→安装 GSD 文件→设定 PLC 的 IP 地址→启用"系统和时钟存储器"→启用"允许来自远程对象的 PUT/GET 通信访问"。

? 引导问题 12：请参考资料，应用西门子博途软件（TIAPortal），按步骤完成仓储单元 S7-1200 PLC 硬件组态，并记录组态过程。

3. 机械手运动轴配置

以机械手运动轴 X 轴为例，在西门子 PLC 博途软件（TIAPortal）中对轴进行配置的步骤介绍如下。

（1）运动轴组态　①双击"设备组态"→②单击选中 PLC，单击"属性"标签，打开"属性"选项卡→③单击"脉冲发生器（PTO/PWM）"，里面包含 4 路脉冲发生器，即 PTO1/PWM1 ～ PTO4/PWM4 →④单击"PTO1/PWM1"展开→⑤在"常规"选项卡中选中"启用该脉冲发生器"复选按钮。"脉冲发生器"设置如图 9-2 所示。

项目 4　仓储单元编程与调试		任务 9　仓储单元机械手取放料编程与调试	
姓名：	班级：	日期：	实施页　2

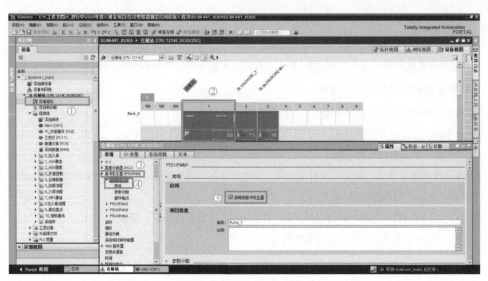

图 9-2　"脉冲发生器"设置

（2）选择信号类型　①单击"参数分配"→②在"参数分配"选项卡中，"信号类型"选择" PTO（脉冲 A 和方向 B）"。"参数分配"设置如图 9-3 所示。

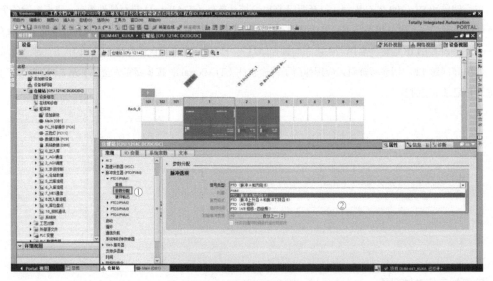

图 9-3　"参数分配"设置

（3）选择 I/O 输出　①单击"硬件输出"→②在"硬件输出"选项卡中，"脉冲输出"选择"%Q0.0"→③"方向输出"选择"% Q0.3"，并选中"启用方向输出"复选按钮，X 轴组态完成。"硬件输出"选项卡设置如图 9-4 所示。

项目 4 仓储单元编程与调试	任务 9 仓储单元机械手取放料编程与调试	
姓名:	班级:	日期:	实施页 3

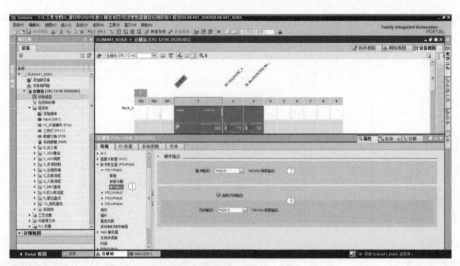

图 9-4 "硬件输出"选项卡设置

4. 轴的工艺参数设置

（1）添加"工艺对象"并配置 ①单击"工艺对象"展开，双击"新增对象"→②选择"TO_PositioningAxis"→③在"名称"文本框中输入"轴_1"→④单击"确定"按钮，添加轴工艺完成。添加"工艺对象"并配置如图 9-5 所示。

图 9-5 添加"工艺对象"并配置

（2）基本参数设置——常规 ①单击"X轴控制"展开，双击"组态"→②单击"基本参数"展开，选择"常规"→③选中"PTO（Pulse Train Output）"单选按钮，"位置单位"选择"mm"，添加轴工艺完成。"常规"基本参数设置如图 9-6 所示。

项目4　仓储单元编程与调试		任务9　仓储单元机械手取放料编程与调试	
姓名：	班级：	日期：	实施页　4

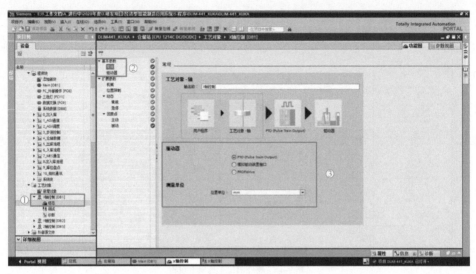

图9-6　"常规"基本参数设置

（3）基本参数设置——驱动器　①单击"基本参数"中的"驱动器"→②脉冲发生器选择"Pulse_1"，信号类型选择"PTO（脉冲A和方向B）"，脉冲输出选择"X轴控制_脉冲"和"%Q0.0"，方向输出选择"X轴控制_方向"和"%Q0.3"，选中"激活方向输出"复选按钮。"驱动器"参数设置如图9-7所示。

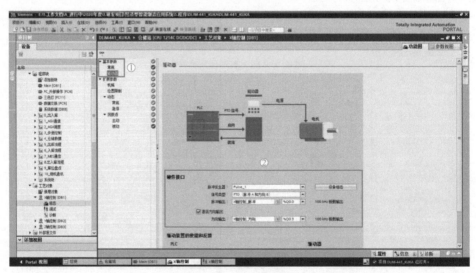

图9-7　"驱动器"参数设置

（4）扩展参数设置——机械　①单击"扩展参数"展开，双击"机械"→②在"电机每转的脉冲数"文本框中输入"5000"，在"电机每转的负载位移"文本框中输入"20.0"，"所允许的旋转方向"选择"双向"。"机械"参数设置如图9-8所示。

项目 4　仓储单元编程与调试		任务 9　仓储单元机械手取放料编程与调试	
姓名：	班级：	日期：	实施页　5

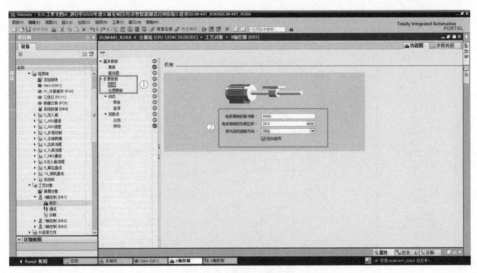

图 9-8　"机械"参数设置

（5）扩展参数设置——位置限制　①单击"扩展参数"展开，双击"位置限制"→②选中"启用硬限位开关"复选按钮，选择接入的硬限位信号（根据实际接入选择），定义信号的高低电平（本例是高电平）。"位置限制"参数设置如图 9-9 所示。

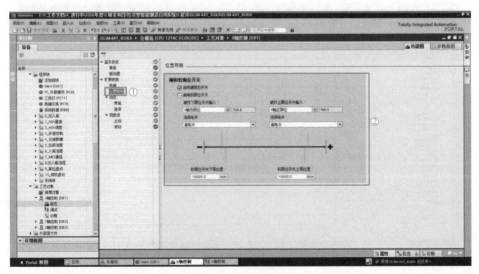

图 9-9　"位置限制"参数设置

（6）动态参数设置——常规　①单击"动态"展开，双击"常规"→②"速度限值的单位"选择"脉冲 /s"，"最大转速"文本框中输入"100000.0"脉冲 /s，在"启动 / 停止速度"文本框中输入"5000.0"脉冲 /s，在"加速度"和"减速度"文本框中输入"76.0"mm/s² 。"常规"参数设置如图 9-10 所示。

项目 4　仓储单元编程与调试		任务 9　仓储单元机械手取放料编程与调试	
姓名：	班级：	日期：	**实施页　6**

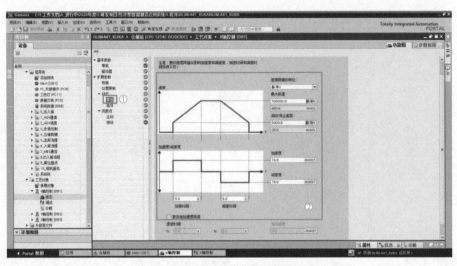

图 9-10　"常规"参数设置

（7）动态参数设置——急停　①单击"动态"展开，双击"急停"→②在"紧急减速度"文本框中输入
"190.0" mm/s^2，一般系统会根据"最大转速"和"启动/停止速度"计算一个参考值，如果觉得效果不满意，
可以在此基础上进行修改。"急停"参数设置如图 9-11 所示。

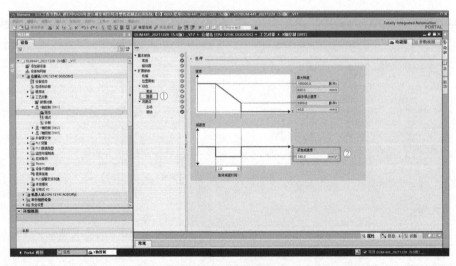

图 9-11　"急停"参数设置

（8）回原点参数设置——主动　①单击"回原点"展开，双击"主动"→②选择原点开关信号和电平
信号，选中"允许硬限位开关处自动反转"复选按钮，"逼近/回原点方向"选中"正方向"单选按钮，在"逼
近速度"文本框中输入"40.0" mm/s，在"回原点速度"文本框中输入"20.0" mm/s。至此，X轴工艺配置
完成。"回原点"参数设置如图 9-12 所示。

项目 4　仓储单元编程与调试		任务 9　仓储单元机械手取放料编程与调试	
姓名：	班级：	日期：	实施页　7

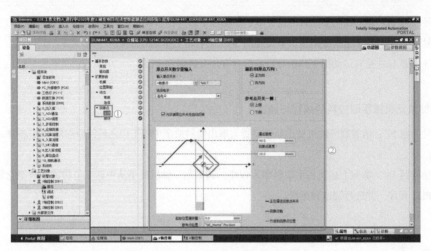

图 9-12　"回原点"参数设置

? 引导问题 13：请参考 X 轴工艺配置方法，对 Y 轴（或 Z 轴）进行工艺对象和参数配置，并简单描述过程。

5. 手动调试机械手

完成各轴的工艺对象组态后，就可以手动试验并调试机械手，调试所用机械手运动指令（参考）如图 9-13 所示。使用时，用具体 I/O 点代替图中的 M 寄存器。

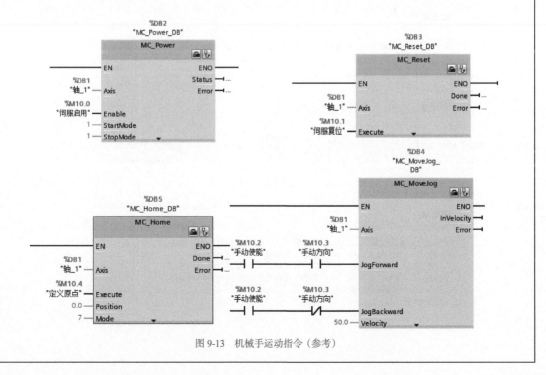

图 9-13　机械手运动指令（参考）

项目 4 仓储单元编程与调试		任务 9 仓储单元机械手取放料编程与调试	
姓名：	班级：	日期：	实施页 8

? 引导问题 14：运动轴组态的目的是什么？运动轴组态时各参数的意义是什么？

? 引导问题 15：轴工艺指令很多，请描述图 9-13 中各运动指令的含义。

? 引导问题 16：绝对运动指令和相对运动指令有什么区别？

6. 仓储单元机械手取放料的编程与调试

? 引导问题 17：请编制三轴机械手从仓储货架取出物料放至中转工位之后回原点的 PLC 程序，并进行调试和运行。

? 引导问题 18：参照上述机械手取料出库程序，请编制三轴机械手从中转工位将成品放至仓储货架之后回原点的 PLC 程序，并进行调试和运行。

小提示

三轴机械手从仓储货架取出物料并放至中转工位之后回原点，PLC 参考程序如下：

网络 1：

网络 2：

网络 3：

网络 4：

```
0001 IF #流程号 = 1 AND #行号 > 0 AND #列号 > 0 THEN
0002     #库位 X 轴值 := "步进标定数据".X 轴[#列号 + 1];
0003     #库位 Y 轴值 := "步进标定数据".Y 轴[#行号 + 1];
0004     #库位 Z 轴值 := "步进标定数据".Z 轴[#行号 + 1];;
0005     #流程号 := 2;
0006 END_IF;
```

项目 4　仓储单元编程与调试		任务 9　仓储单元机械手取放料编程与调试	
姓名：	班级：	日期：	实施页　9

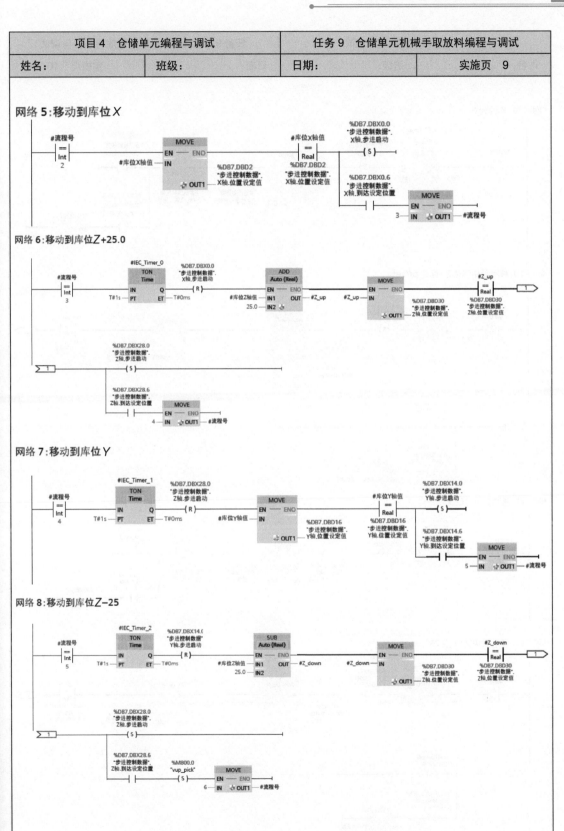

项目4　仓储单元编程与调试		任务9　仓储单元机械手取放料编程与调试	
姓名：	班级：	日期：	实施页　10

网络9：Y轴到0

网络10：移动至中转位Z+标定 offset

网络11：移动到中转位X

网络12：移动到中转位Z+25

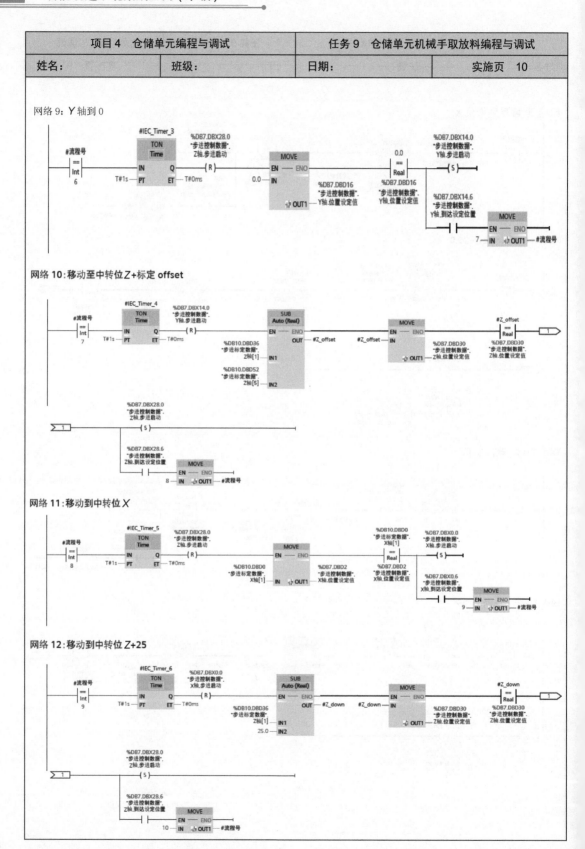

项目 4　仓储单元编程与调试		任务 9　仓储单元机械手取放料编程与调试	
姓名：	班级：	日期：	实施页　11

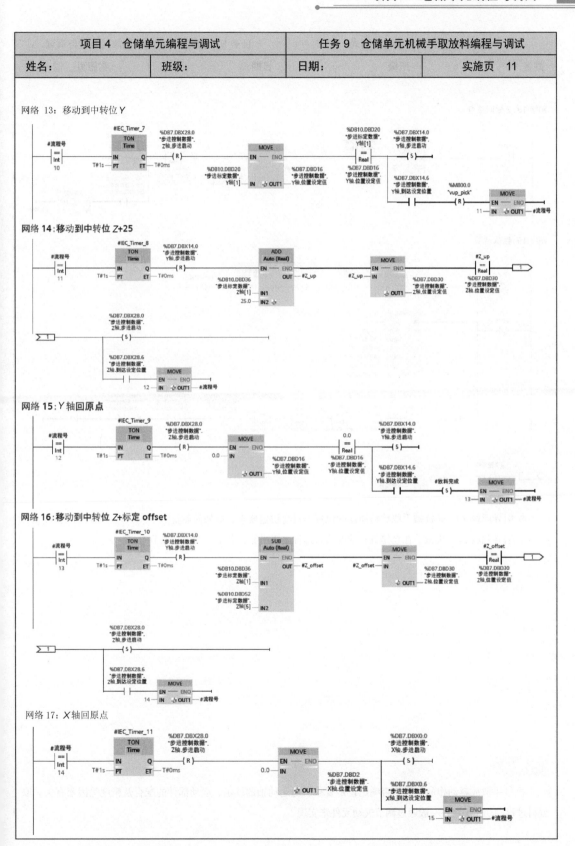

网络 13：移动到中转位 Y

网络 14：移动到中转位 Z+25

网络 15：Y 轴回原点

网络 16：移动到中转位 Z+标定 offset

网络 17：X 轴回原点

项目 4　仓储单元编程与调试	任务 9　仓储单元机械手取放料编程与调试		
姓名：	班级：	日期：	实施页　12

网络 18：Z 轴回原点

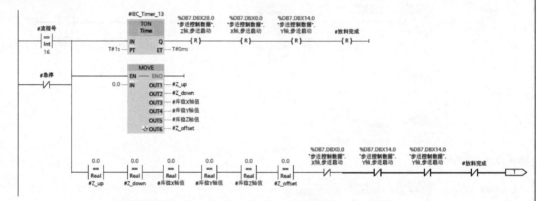

网络 19：数据清零

? 引导问题 19：若机械手取放料动作的位置不符合设定要求，应如何调整？

? 引导问题 20：机械手在仓储货架的取放料过程是否平稳？若不平稳怎么调节？

　　机械手取放料动作的位置是否满足设定要求，与运动轴的设定、运动部件的配合及精度等因素有关。取放料过程的动作平稳性一般通过调节气动元件来实现。

项目 4　仓储单元编程与调试		任务 9　仓储单元机械手取放料编程与调试	
姓名：	班级：	日期：	检查页

检查验收

根据机械手取放料工作情况，对任务完成情况按照验收标准进行检查验收和评价，包括工艺质量、施工质量、运动稳定性和定位准确性等，并将验收问题及其整改措施、完成时间进行记录。验收标准及评分见表 9-6，验收过程问题记录见表 9-7。

表 9-6　验收标准及评分

序号	验收项目	验收标准	满分分值	教师评分	备注
1	部件安装工艺	安装牢固，接线正确，操作规范，工具摆放有序	10		
2	PLC 硬件组态	正确，完整	15		
3	机械手运动轴配置	正确，完整	15		
4	轴的工艺参数设置	合理，完整	15		
5	手动调试机械手	各项运动正常	20		
6	机械手取放料	动作正确，位置准确，能回原点	25		
	合计		100		

表 9-7　验收过程问题记录

序号	验收问题记录	整改措施	完成时间	备注

项目 4 仓储单元编程与调试		任务 9 仓储单元机械手取放料编程与调试	
姓名：	班级：	日期：	评价页

评价反馈

　　各组展示作品，介绍任务的完成过程并提交阐述材料，进行学生自评、学生组内互评、教师评价，完成考核评价。考核评价见表 9-8。

　　? 引导问题 21：在本次任务完成过程中，给你留下印象最深的是哪件事？自己的能力有哪些提高？

　　? 引导问题 22：你学会用 PLC 编程控制仓储单元机械手取放料了吗？是否想试试用触摸屏操作来实现机械手取放料？那就先了解一下触摸屏吧。

表 9-8   考核评价

评价项目	评价内容与标准	满分分值	自评 20%	互评 20%	教师评价 60%	合计
职业素养 40 分	具有职业道德、安全意识、责任意识、服从意识	8				
	积极承担任务，按时完成工作页	8				
	积极参与团队合作，主动交流发言	8				
	遵守劳动纪律，现场"6S"行为规范	8				
	具有劳模精神、劳动精神、工匠精神	8				
专业能力 60 分	具备信息检索、资料分析能力	10				
	制订计划做到周密严谨	10				
	按照规程操作，精益求精	10				
	独立工作能力强，团队贡献度大	10				
	分工协作好，工作效率高	10				
	质量意识强，任务验收质量好	10				
合计		100				
创新能力 20 分	创新性思维和行动	20				
总计		120				

教师签名：	学生签名：

项目 4　仓储单元编程与调试		任务 9　仓储单元机械手取放料编程与调试	
姓名：	班级：	日期：	知识页

相关知识点：智能仓储站

一、智能制造系统的智能仓储站介绍

以智能制造系统集成应用平台 DLIM-441 为例，其智能仓储站主要由仓储货架、三轴机械手、工件托盘及电气控制系统组成，智能仓储站用于原材料、成品的存储和出入库。

1. 仓储货架
2. 三轴机械手
3. 工件托盘
4. 电气控制系统

二、仓储单元 PLC 硬件组态

（1）新建项目

（2）添加新设备

（3）添加 CPU

（4）添加 I/O 模块和信号板

（5）安装 GSD 文件

（6）设定 PLC 的 IP 地址

（7）启用"系统和时钟存储器"

（8）启用"允许来自远程对象的 PUT/GET 通信访问"

（9）PLC 硬件组态完成

扫码看知识：

智能仓储站

扫码看视频：

仓储单元机械手取放料

任务 10　基于触摸屏的仓储单元取放料编程与调试

项目4　仓储单元编程与调试		任务10　基于触摸屏的仓储单元取放料编程与调试	
姓名：	班级：	日期：	任务页　1

学习任务描述

　　智能制造系统仓储单元通过三轴机械手完成毛坯取料出库和成品放料入库工作，当 PLC 编程实现机械手工件取放料之后，为了方便操作，并形象显示取放料工作位置，本任务要求采用触摸屏通过实时数据库实现对系统运行状态的监控，通过设定数据连接变量，制作控制界面，触摸屏与 PLC 连接通信，完成触摸屏组态编程与调试，实现机械手出库、入库的工作与运行显示。

学习目标

1）了解触摸屏（人机界面）的基本知识。

2）了解触摸屏与 PLC 的关系。

3）在 MCGS 触摸屏中建立项目、添加构件、设置参数和 IP 地址，完成触摸屏组态编程与调试。

4）按照工艺要求，完成触摸屏与 PLC 的接线施工操作。

5）通过触摸屏操作实现机械手出库、入库的工作与运行显示。

任务书

　　在零件加工智能制造系统仓储单元中，为了直观监测系统显示界面，实现系统的启动与运行显示，要求应用触摸屏完成以下任务：智能仓储机械手根据订单的仓位信息，去相应仓位取毛坯托盘，将其运放到智能物流站的中转工位，机械手返回安全位置（原点），然后发出取料出库完成信号；对加工后放在中转工位的成品，机械手到中转工位上取成品托盘，将其运放至订单指定的成品仓位上，返回安全位置（原点），然后发出放料入库完成信号，整个流程完成。三轴机械手、触摸屏、料仓、中转工位如图 10-1 所示。

图 10-1　三轴机械手、触摸屏、料仓、中转工位

项目 4 仓储单元编程与调试		任务 10 基于触摸屏的仓储单元取放料编程与调试	
姓名：	班级：	日期：	任务页 2

任务分组

班级学生分组，可 4～8 人为一组，轮流担任组长，使每人都有机会锻炼自己的组织协调能力和管理能力。各组任务可以相同，也可以不同，任务分工见表 10-1。每人明确自己承担的任务，注意培养独立工作能力和团队协作能力。

表 10-1 任务分工

班级		组号		任务	
组长		时间段		指导教师	
姓名、学号	任务分工				备注

学习准备

1）通过信息查询获得触摸屏（人机界面）的知识，包括品牌、功能、应用、特点等，激发责任感，培养学生的爱国情感。

2）根据技术资料理解触摸屏与 PLC 的关系，养成钻研学习的习惯。

3）通过小组合作制订触摸屏编程实现机械手取放料的工作计划，培养团队协作精神。

4）在教师指导下，根据任务要求完成触摸屏的组态编程与调试工作，培养精益求精的精神。

5）在教师指导下，按照工艺要求完成触摸屏与 PLC 的接线施工操作，并培养严谨认真的职业素养。

6）操作触摸屏实现机械手出库、入库的工作与运行显示。

项目 4　仓储单元编程与调试		任务 10　基于触摸屏的仓储单元取放料编程与调试	
姓名：	班级：	日期：	信息页

获取信息

? 引导问题 1：自主学习 MCGS 触摸屏的基础知识。

? 引导问题 2：自主学习 MCGS 触摸屏与 PLC 的接线与通信。

? 引导问题 3：自主学习 MCGS 触摸屏组态编程方法。

? 引导问题 4：触摸屏是如何显示运行状态的？订单的仓位如何在触摸屏上显示？

? 引导问题 5：如何在触摸屏上切换不同的界面？触摸屏能否显示动态的界面？

? 引导问题 6：物料仓位的定位怎么确定？

小提示

1）触摸屏通过与 PLC 的通信，可以将 PLC 中各个变量读出来，通过实时的通信，各个变量的变化也可以在触摸屏上显示出来。

2）触摸屏上的仓位定位是通过 X、Y、Z 轴来标记实现的，若想判断仓位上有无物料，可以在仓位上加装限位开关实现。

3）MCGS 触摸屏如图 10-2 所示。

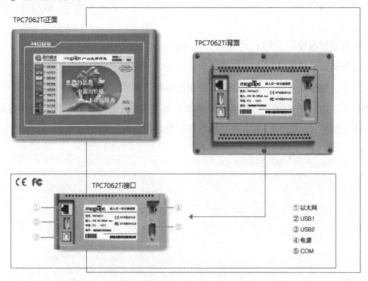

图 10-2　MCGS 触摸屏

项目 4　仓储单元编程与调试	任务 10　基于触摸屏的仓储单元取放料编程与调试		
姓名：	班级：	日期：	计划页

工作计划

　　按照任务书要求和获取的信息，制订仓储单元机械手取放料触摸屏编程与调试的工作计划，包括工具、器件准备，工艺流程安排，检查调试等工作内容和步骤。机械手取放料触摸屏编程与调试工作计划见表 10-2，工具、器件计划清单见表 10-3。

表 10-2　机械手取放料触摸屏编程与调试工作计划

步骤名称	工作内容	负责人

表 10-3　工具、器件计划清单

序号	名称	型号和规格	单位	数量	备注

　　? 引导问题 7：请画出基于触摸屏的机械手取放料编程与调试的工作流程框图。

项目 4　仓储单元编程与调试		任务 10　基于触摸屏的仓储单元取放料编程与调试
姓名：	班级：	日期：　　　　　　　　　　决策页

进行决策

　　对不同组员的机械手取放料触摸屏编程与调试工作计划进行对比、分析、论证，整合完善，形成小组决策，作为工作实施的依据。做出计划对比分析记录，机械手取放料触摸屏编程与调试工作决策见表 10-4，工具、器件实施清单见表 10-5。

　　记录：

表 10-4　机械手取放料触摸屏编程与调试工作决策

步骤名称	工作内容	负责人

表 10-5　工具、器件实施清单

序号	名称	型号和规格	单位	数量	备注

项目 4　仓储单元编程与调试	任务 10　基于触摸屏的仓储单元取放料编程与调试		
姓名：	班级：	日期：	实施页　1

工作实施

智能制造系统中，在 PLC 编程的基础上，应用 MCGS 嵌入版组态软件，按照以下步骤完成基于触摸屏的仓储单元机械手取放料编程与调试。

1. 设置触摸屏的 IP 地址

在触摸屏重启后，单击触摸屏中间位置的"正在启动"框进入触摸屏"启动属性"界面，如图 10-3 所示。在"系统参数"下单击"系统维护"，进行 IP 地址设定，界面如图 10-4 所示。

图 10-3　"启动属性"界面　　　　　　　　　　　图 10-4　IP 地址设定界面

2. 触摸屏组态编程

（1）新建工程　双击 MCGS 嵌入版组态软件编程图标，打开"MCGS 嵌入版组态软件"，①单击"文件"菜单→②单击"新建工程"，界面如图 10-5 所示。出现"新建工程设置"对话框→③在"类型"下拉列表框里，选择"TPC1061Ti"，在"背景"里，可以设置背景色和网格大小，界面如图 10-6 所示→④单击"确定"按钮，新建工程完成。

图 10-5　新建工程界面

项目 4　仓储单元编程与调试	任务 10　基于触摸屏的仓储单元取放料编程与调试		
姓名：	班级：	日期：	实施页　2

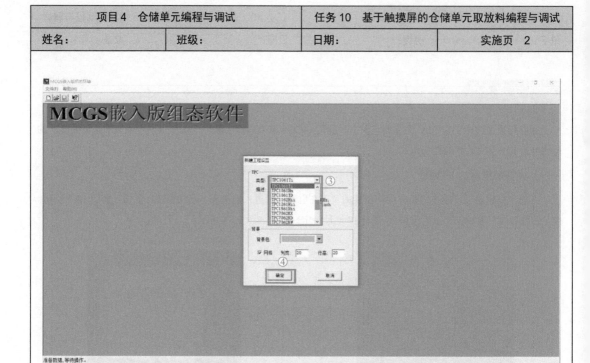

图 10-6　类型和背景设置界面

（2）添加"设备工具箱"　①单击"设备窗口"出现"设备窗口"图标，如图 10-7 所示→②双击"设备窗口"图标，出现"设备组态：设备窗口"→③右击出现快捷菜单，单击"设备工具箱"，界面如图 10-8 所示，添加"设备工具箱"完成。

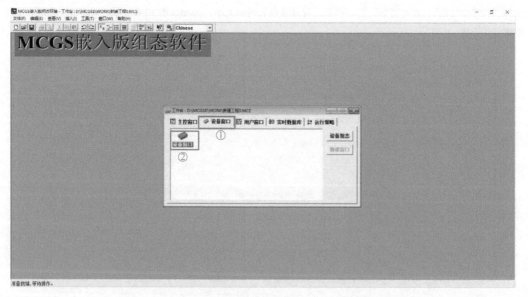

图 10-7　设备窗口

项目 4　仓储单元编程与调试		任务 10　基于触摸屏的仓储单元取放料编程与调试	
姓名：	班级：	日期：	实施页　3

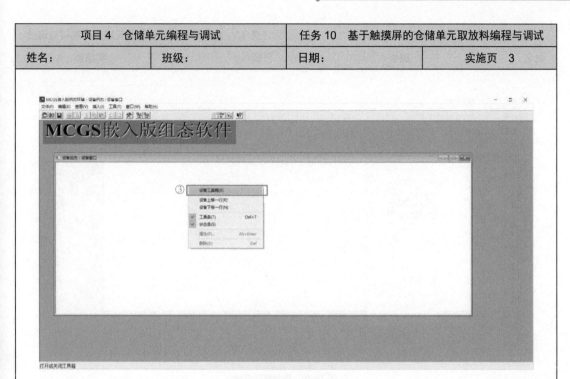

图 10-8　"设备工具箱"界面

（3）在"设备工具箱"中添加与 S7-1200 PLC 通信的驱动——Siemens_1200　①单击"设备管理"→②单击"西门子"展开→③单击"Siemens_1200 以太网"展开，选择"Siemens_1200"→④单击"增加"按钮→⑤可以看到"Siemens_1200"出现在"选定设备"栏中→⑥单击"确认"按钮，添加成功，界面如图 10-9 所示→⑦在"设备工具箱"中，可以看到"Siemens_1200"，界面如图 10-10 所示。

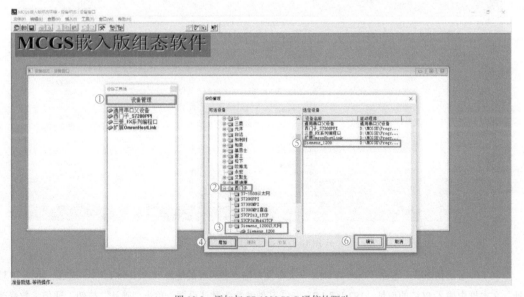

图 10-9　添加与 S7-1200 PLC 通信的驱动

项目4　仓储单元编程与调试			任务 10　基于触摸屏的仓储单元取放料编程与调试	
姓名：	班级：		日期：	实施页　4

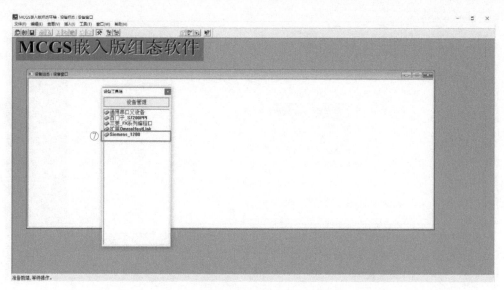

图 10-10　查看驱动界面

（4）在新建工程中添加设备　①双击" Siemens_1200"→②在"设备组态：设备窗口"下，添加了"设备 0—[Siemens_1200]"→③双击"设备 0—[Siemens_1200]"，出现通信参数设置界面，如图 10-11 所示。

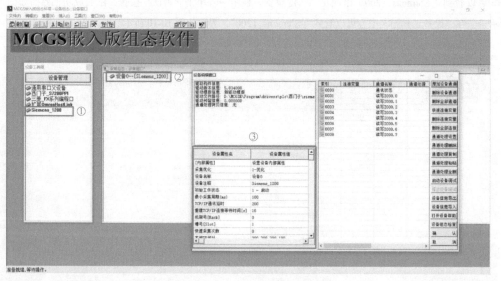

图 10-11　通信参数设置界面

（5）设置通信参数　①在"本地 IP 地址"文本框中输入触摸屏的地址"192.168.1.3"→②在"远端 IP 地址"文本框中输入 PLC 的地址"192.168.1.2"→③其他参数为默认设置，单击"确认"按钮，通信参数修改完成，界面如图 10-12 所示。

项目 4　仓储单元编程与调试	任务 10　基于触摸屏的仓储单元取放料编程与调试
姓名：	班级：	日期：	实施页　5

图 10-12　通信参数修改

（6）添加 PLC 变量　①单击"增加设备通道"→②在"通道类型"中，根据需要选择"I 输入继电器""Q 输出继电器""M 内部继电器"或"V 数据寄存器"→③在"数据类型"中选择与 PLC 中相对应的数据类型 →④输入"通道地址"→⑤输入"通道个数"→⑥选择"读写方式"→⑦单击"确认"按钮，完成 PLC 变量添加，界面如图 10-13 所示。

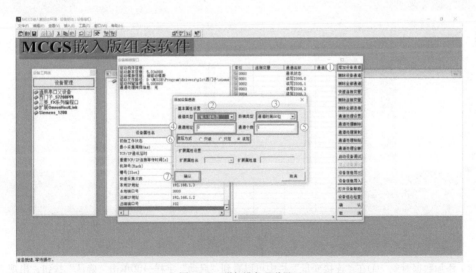

图 10-13　增加设备通道界面

（7）添加变量名称　①单击所需要的变量，并双击该变量的"索引"，打开"变量选择"，界面如图 10-14 所示→②在"选择变量"文本框中输入定义的变量名称→③单击"确认"按钮，在"连接变量"栏出现变量名称"启动"，界面如图 10-15 所示。

项目 4　仓储单元编程与调试		任务 10　基于触摸屏的仓储单元取放料编程与调试	
姓名：	班级：	日期：	实施页　6

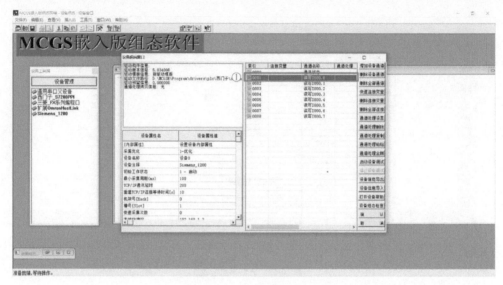

图 10-14　"变量选择"界面

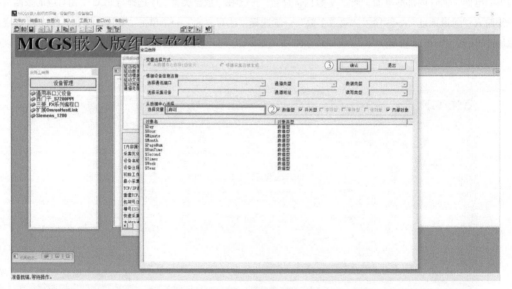

图 10-15　变量设置

（8）添加数据对象　①在"连接变量"栏中可以看到"启动"字样→②单击"确认"按钮，出现"添加数据对象"对话框→③单击"全部添加"按钮，界面如图 10-16 所示，添加数据对象完成。若添加多个数据对象，重复执行①～③步骤→④单击"保存"按钮→⑤"设备组态：设备窗口"后面的"*"消失，保存完成，界面如图 10-17 所示。

项目 4　仓储单元编程与调试		任务 10　基于触摸屏的仓储单元取放料编程与调试	
姓名：	班级：	日期：	实施页　7

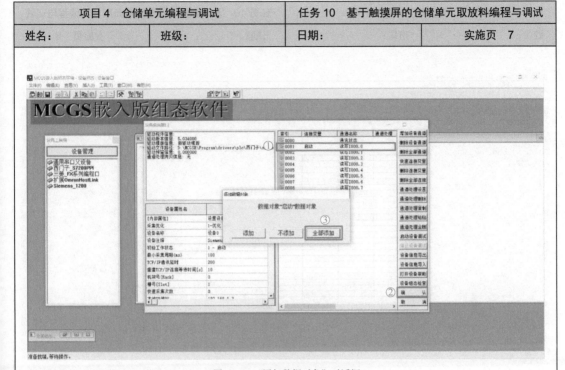

图 10-16　"添加数据对象"对话框

图 10-17　保存添加的数据对象

（9）新建用户窗口　①单击"用户窗口"→②单击"新建窗口"→③添加"窗口 0"，界面如图 10-18 所示。双击"窗口 0"图标→④打开"动画组态窗口 0"，界面如图 10-19 所示。

项目 4 仓储单元编程与调试	任务 10 基于触摸屏的仓储单元取放料编程与调试		
姓名：	班级：	日期：	实施页 8

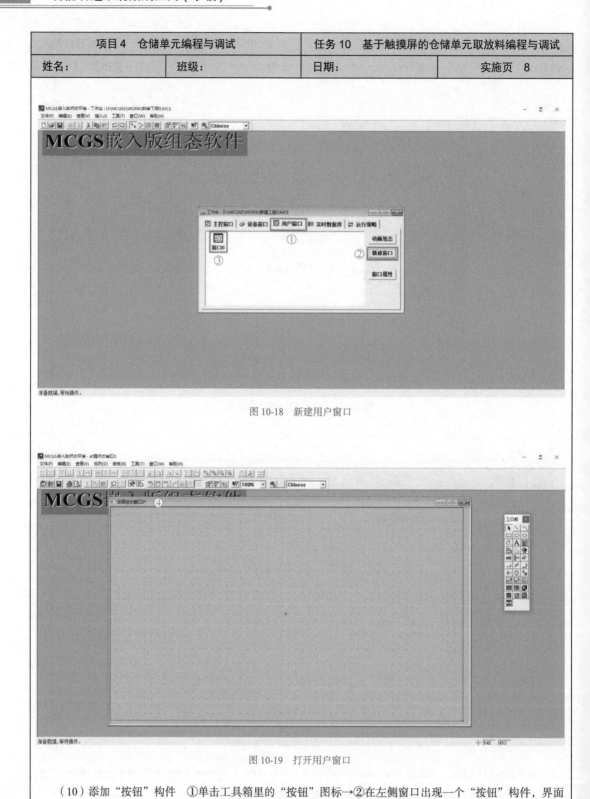

图 10-18　新建用户窗口

图 10-19　打开用户窗口

（10）添加"按钮"构件　①单击工具箱里的"按钮"图标→②在左侧窗口出现一个"按钮"构件，界面如图 10-20 所示。

项目 4　仓储单元编程与调试	任务 10　基于触摸屏的仓储单元取放料编程与调试		
姓名：	班级：	日期：	实施页　9

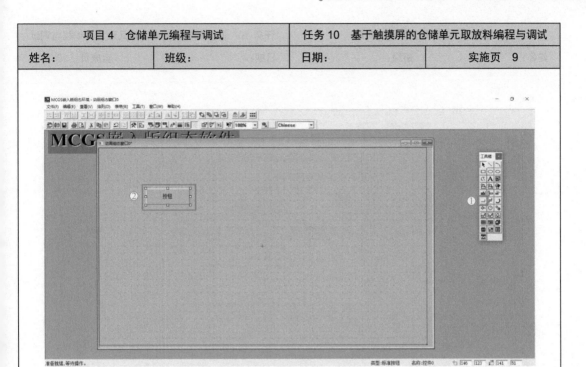

图 10-20　添加"按钮"构件

（11）"按钮"属性设置　①双击"按钮"图标，打开"标准按钮构件属性设置"对话框→②选中"数据对象值操作"单选按钮→③在下拉列表框中选择"按 1 松 0"→④单击"？"按钮，打开"变量选择"对话框→⑤选择变量"启动"→⑥单击"变量选择"对话框中的"确认"按钮→⑦单击"标准按钮构件属性设置"对话框中的"确认"按钮，连接变量完成，界面如图 10-21 所示→⑧可以在"基本属性"选项卡中设置文本颜色、文本内容等，界面如图 10-22 所示。

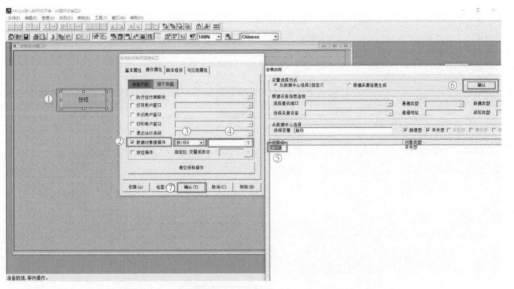

图 10-21　"标准按钮构件属性设置"和"变量选择"对话框

项目 4 仓储单元编程与调试	任务 10 基于触摸屏的仓储单元取放料编程与调试	
姓名：	班级：	日期：	实施页 10

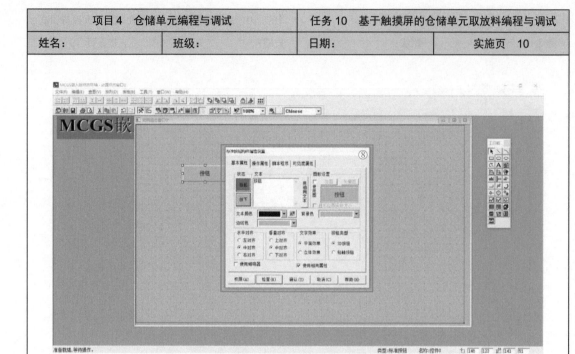

图 10-22 "基本属性"选项卡

（12）添加"指示灯"构件 ①单击"插入元件"图标，打开"对象元件库管理"对话框→②单击"指示灯"并展开→③选择"指示灯 3"→④单击"确定"按钮，添加"指示灯"构件完成，界面如图 10-23 所示→⑤双击"指示灯"图标，打开"单元属性设置"对话框→⑥单击"@ 开关量"→⑦单击"？"按钮，打开"变量选择"对话框→⑧单击对象名中的"启动"→⑨单击"变量选择"对话框中的"确认"按钮→⑩单击"单元属性设置"对话框中的"确认"按钮，连接变量完成，界面如图 10-24 所示。下载程序界面如图 10-25 所示。

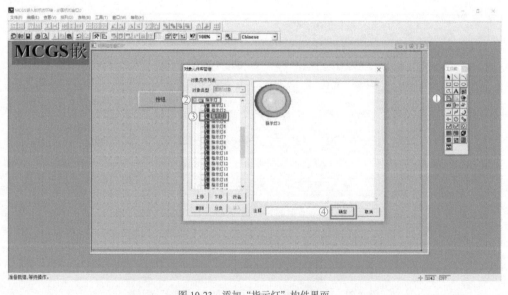

图 10-23 添加"指示灯"构件界面

项目4 仓储单元编程与调试		任务 10 基于触摸屏的仓储单元取放料编程与调试	
姓名：	班级：	日期：	实施页 11

图 10-24   设置"指示灯"参数界面

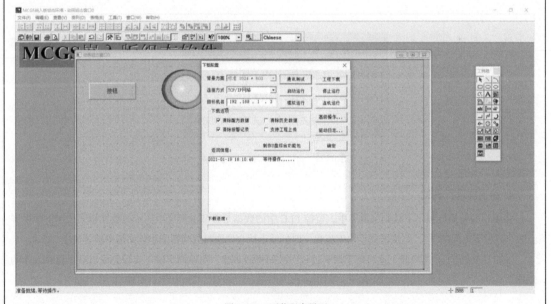

图 10-25   下载程序界面

? 引导问题 8：在触摸屏设置通信参数时，本地 IP 地址和远端 IP 地址，分别是指什么地址？

? 引导问题 9：在触摸屏组态时，如何进行变量的连接？

? 引导问题 10：参照上述（6）～（12），完成触摸屏上其他构件添加组态的操作。

项目 4　仓储单元编程与调试		任务 10　基于触摸屏的仓储单元取放料编程与调试	
姓名：	班级：	日期：	实施页　12

3. 完成触摸屏编程

触摸屏组态编程完成后，能够通过触摸屏指定出库或入库仓位，下达出库或入库命令，完成机械手取料出仓和成品放料入仓工作，机械手的工件取放料动作完成后，触摸屏能够形象地显示及反映指定的取料或放料位置，以及仓位物料有无的情况。触摸屏组态的参考界面如图 10-26 ～图 10-28 所示。

手动控制激活 出库行号　0行　入库行号　0行 出库列号　0列　入库列号　0列 **状态提示** 机械手入库完成　机械手出库完成 机械手取料完成　机械手放料完成 **输入仓位号** 仓位号　0 指令 机械手出库请求　机械手入库请求	**库位位置标定激活** 保存位置　X轴标定　保存位置　Y轴标定　保存位置　Z轴标定 中转站　0mm　中转站　0mm　中转站　0mm 第一列　0mm　第一行　0mm　第一行　0mm 第二列　0mm　第二行　0mm　第二行　0mm 第三列　0mm　第三行　0mm　第三行　0mm 第四列　0mm　选择位置　未选择 ▼　安全偏移　0mm 选择位置　未选择 ▼　选择位置　未选择 ▼ **机械手实时位置显示** X轴位置　0.00mm　Y轴位置　0.00mm　Z轴位置　0.00mm
图 10-26　触摸屏出库、入库的组态示例	图 10-27　触摸屏库位位置标定激活与机械手实时位置显示组态示例

仓位有无料提示

1行1列无料	1行2列无料	1行3列无料	1行4列无料
2行1列无料	2行2列无料	2行3列无料	2行4列无料
3行1列无料	3行2列无料	3行3列无料	3行4列无料

图 10-28　仓位有无料提示组态示例

4. 触摸屏运行调试

将编写的触摸屏程序下载到触摸屏中，监控 PLC 中的数据是否和触摸屏中显示的数据相同，按下触摸屏上的"机械手出库请求"，完成机械手出库流程，即机械手从仓位取料放到智能物流站的中转工位上。

? 引导问题 11：请参照上述机械手取料过程，按同样的步骤，用触摸屏组态编程完成机械手放料入库的流程。

项目 4　仓储单元编程与调试		任务 10　基于触摸屏的仓储单元取放料编程与调试	
姓名：	班级：	日期：	检查页

检查验收

　　根据触摸屏的仓储单元取放料工作情况，对任务完成情况按照验收标准进行检查验收和评价，包括工艺质量、施工质量、运动稳定性和定位准确性等，并将验收问题及其整改措施、完成时间进行记录。验收标准及评分见表 10-6，验收过程问题记录见表 10-7。

表 10-6　验收标准及评分

序号	验收项目	验收标准	满分分值	教师评分	备注
1	触摸屏设置 IP 地址	参数设置正确	20		
2	仓储物料有无实时显示	触摸屏准确显示仓储物料情况	20		
3	触摸屏控制机械手	机械手准确取放物料	25		
4	触摸屏显示工作过程	直观显示工作过程	20		
5	工艺质量	实现动作要求，整体运行流畅，界面美观	15		
合计			100		

表 10-7　验收过程问题记录

序号	验收问题记录	整改措施	完成时间	备注

　　? 引导问题 12：MCGS 已正确下载，TIAPortal 也已正确下载，但是触摸屏却无法与西门子 S7-1200 PLC 通信。请分析一下是哪里出了问题，该如何解决？

项目 4　仓储单元编程与调试		任务 10　基于触摸屏的仓储单元取放料编程与调试	
姓名：	班级：	日期：	评价页

评价反馈

　　各组展示作品，介绍任务的完成过程并提交阐述材料，进行学生自评、学生组内互评、教师评价，完成考核评价。考核评价见表 10-8。

　　? 引导问题 13：在本次任务完成过程中，给你留下印象最深的是哪件事？自己的能力有哪些提高？

　　? 引导问题 14：你掌握了基于 PLC 和触摸屏实现机械手取放料的编程调试了吗？再练习一遍吧！

表 10-8　考核评价

评价项目	评价内容与标准	满分分值	自评 20%	互评 20%	教师评价 60%	合计
职业素养 40 分	具有职业道德、安全意识、责任意识、服从意识	8				
	积极承担任务，按时完成工作页	8				
	积极参与团队合作，主动交流发言	8				
	遵守劳动纪律，现场 "6S" 行为规范	8				
	具有劳模精神、劳动精神、工匠精神	8				
专业能力 60 分	具备信息检索、资料分析能力	10				
	制订计划做到周密严谨	10				
	按照规程操作，精益求精	10				
	独立工作能力强，团队贡献度大	10				
	分工协作好，工作效率高	10				
	质量意识强，任务验收质量好	10				
合计		100				
创新能力 20 分	创新性思维和行动	20				
总计		120				

教师签名：　　　　　　　　　　学生签名：

项目 4　仓储单元编程与调试		任务 10　基于触摸屏的仓储单元取放料编程与调试	
姓名：	班级：	日期：	知识页

相关知识点： MCGS 触摸屏的基本知识

一、触摸屏概念

HMI（人机交互界面）是"Human Machine Interface"的简称。在工业领域，HMI 可以用来连接 PLC、变频器、直流调速器、仪表等工业设备，利用显示屏显示，通过输入单元（如触摸屏、键盘、鼠标）设置工作参数、操作命令，是实现人与机器信息交互的数字设备。人们常常将具有触摸功能的人机交互界面产品称为"触摸屏"，但是 HMI 和触摸屏不是同一概念，两者是有本质区别的。其中触摸屏仅是人机交互界面产品中用到的硬件部分，是一种具有类似鼠标、键盘、显示屏功能的输入输出设备，而人机交互界面产品则是一种包含硬件和软件的人机交互设备，但在一般工业应用时，往往不做区分，工业应用中所说的触摸屏指的就是人机交互界面设备。

二、组态软件概念

三、MCGS 组态软件简介

（1）MCGS 组态软件的结构
（2）MCGS 组态软件的主要功能
（3）MCGS 组态软件常用术语
（4）MCGS 组态软件嵌入版安装

扫码看知识：

MCGS 触摸屏的基本知识

项目 5

智能制造系统生产管理

项目 5　智能制造系统生产管理		任务 11～任务 13	
姓名：	班级：	日期：	项目页

项目导言

　　本项目面向零件加工智能制造系统集成应用平台，以智能制造系统生产管理为学习目标，以任务驱动为主线，以工作进程为学习路径，对智能制造系统数字化设计与管理、系统设备管理、订单管理与生产管理等学习内容分别进行了任务部署，针对各项学习任务给出了任务要求、学习目标、工作步骤（六步工作法）、评价方案、学习资料等工作要求和学习指导。

项目任务

1. 数字化设计与管理
2. 智能制造系统设备管理
3. 订单管理与生产管理

项目学习摘要

任务 11　数字化设计与管理

项目 5　智能制造系统生产管理		任务 11　数字化设计与管理	
姓名：	班级：	日期：	任务页　1

学习任务描述

　　零件数字化设计、编程与文件管理是智能制造系统中重要的工作内容，本学习任务要求通过对活塞零件给定的加工任务，应用 CAD/CAM 软件进行零件三维建模设计，制订零件加工工艺、编制刀具路径、模拟加工过程、获得 NC 程序，并将相应的文件放入 MES 系统中，以实现智能制造系统的加工过程。

学习目标

1）了解计算机辅助设计与制造（CAD/CAM）技术和 BOM 技术文件的基本知识。
2）应用 CAD/CAM 软件进行零件 3D 建模。
3）制订零件加工工艺，了解各加工参数的含义。
4）进行加工刀具路径模拟和仿真加工验证。
5）生成零件数控加工程序。
6）了解程序文件在生产系统中的作用，会进行文件管理。

任务书

　　在活塞零件加工智能制造系统中，活塞零件图如图 11-1 所示，现要求在零件端面加工一个直径为 30mm、深 10mm 的圆形凹槽。需要完成的任务：根据加工零件 2D 图样，应用 CAD/CAM 软件进行 3D 模型设计，编制零件加工工艺，生成数控加工程序，进行仿真加工验证，将程序文件上传到 MES。

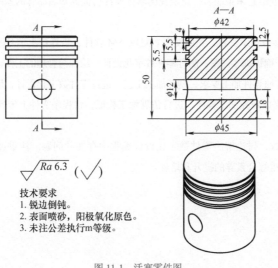

图 11-1　活塞零件图

项目 5　智能制造系统生产管理			任务 11　数字化设计与管理	
姓名：	班级：		日期：	任务页　2

任务分组

　　班级学生分组，可 4～8 人为一组，轮流担任组长，使每人都有机会锻炼自己的组织协调能力和管理能力。各组任务可以相同，也可以不同，任务分工见表 11-1。每人明确自己承担的任务，注意培养独立工作能力和团队协作能力。

表 11-1　任务分工

班级		组号		任务	
组长		时间段		指导教师	
姓名、学号	任务分工				备注

学习准备

　　1）通过信息查询获得零件数字化设计的相关知识，包括 CAD/CAM 软件的品牌、各种软件的性能、技术特点、发展规模，培养专业信息采集能力，正视我国软件设计与世界知名品牌的差距，激发学习国外先进技术为祖国发展奋斗的精神。

　　2）在教师指导下，参考技术资料，熟练使用 CAD/CAM 软件，培养自主学习习惯、创新意识。

　　3）通过小组合作，正确识读零件图，制订零件数字化设计、编程与管理的工作计划，培养团队协作精神。

　　4）在教师指导下，按照零件加工要求，制订加工工艺，进行零件数字化设计，培养严谨认真的工作态度。

　　5）在教师指导下，完成数控加工程序，进行仿真加工验证，将程序文件上传到 MES，培养精益求精的精神。

　　6）小组进行检查验收，讨论解决零件数字化设计编程中存在的问题。注重过程性评价，注重安全、节约、环保意识的养成，注重综合素养的提升和培养。

项目 5　智能制造系统生产管理		任务 11　数字化设计与管理	
姓名：	班级：	日期：	信息页

获取信息

? 引导问题 1：自主学习零件数字化设计与编程的基础知识。

? 引导问题 2：什么是计算机辅助设计与制造（CAD/CAM）？常用的 CAD/CAM 软件有哪些？

? 引导问题 3：参考技术资料，掌握一种 CAD/CAM 软件（如 Mastercam）的使用。

? 引导问题 4：CAD/CAM 是如何实现零件自动编程和数控机床自动加工的？请描述其工作过程。

? 引导问题 5：零件数控加工应根据什么来选择机床和刀具？

? 引导问题 6：了解 BOM 的概念和知识。

? 引导问题 7：画出零件数字化设计与编程工作流程框图。

项目 5 智能制造系统生产管理	任务 11 数字化设计与管理

姓名：	班级：	日期：	计划页

工作计划

　　按照任务书要求和获取的信息，制订活塞零件数字化设计编程与管理的工作计划，包括设备、材料、软件、工具准备，工艺流程安排，检查调试加工、检验产品等工作内容和步骤，完成零件数字化设计、编程、文件管理的工作计划，方案需要考虑到安全、环保与节能要素。零件数字化设计编程与文件管理工作计划见表 11-2，设备、材料、工具计划清单见表 11-3。

表 11-2　零件数字化设计编程与文件管理工作计划

步骤名称	工作内容	负责人

表 11-3　设备、材料、工具计划清单

序号	名称	型号和规格	单位	数量	备注

项目 5　智能制造系统生产管理		任务 11　数字化设计与管理	
姓名：	班级：	日期：	决策页

进行决策

对不同组员的"零件数字化设计编程与文件管理工作计划"进行对比、分析、完善，形成小组决策，作为工作实施的依据。做出计划对比分析记录，零件数字化设计编程与文件管理工作方案见表 11-4，设备、材料、工具实施清单见表 11-5。

记录：

表 11-4　零件数字化设计编程与文件管理工作方案

步骤名称	工作内容	负责人

表 11-5　设备、材料、工具实施清单

序号	名称	型号和规格	单位	数量	备注

项目 5　智能制造系统生产管理		任务 11　数字化设计与管理	
姓名：	班级：	日期：	实施页　1

工作实施

零件数字化设计、编程、文件管理是智能制造系统重要的工作内容，其工作步骤如下：

一、零件三维建模

1. 零件图识读及加工要求分析

活塞零件图参见图 11-1，加工任务：在零件端面加工一个直径为 30mm、深 10mm 的圆形凹槽。

2. 应用 CAD/CAM 软件进行零件 3D 建模

CAD/CAM 软件品牌较多，现以 Mastercam 软件为例。

1）双击桌面上的 Mastercam 图标，启动软件。

2）根据零件图尺寸画图。实体建模有很多种方法，可以选择熟悉的软件进行建模。零件平面形状尺寸可以导入零件图，也可以选择用绘图命令画图。因为零件形状为轴类，因此在绘制平面图时选用了车床，绘图平面坐标使用 +D+Z。

3）生成实体模型。在"实体"菜单下，对绘制好的零件平面图，先选择平面图形，再选择轴，最后选择旋转命令，旋转实体就生成了。旋转实体如图 11-2 所示。

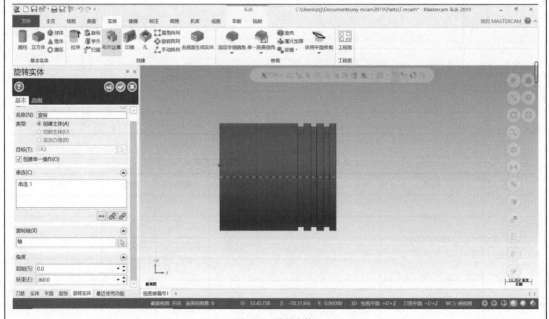

图 11-2　旋转实体

4）端面倒角。选择"单一距离倒角"，在实体图上选择两端需要倒角的两条线，将"距离"改为"0.5"。端面倒角如图 11-3 所示。

项目 5　智能制造系统生产管理	任务 11　数字化设计与管理	
姓名：　　　　班级：	日期：	实施页　2

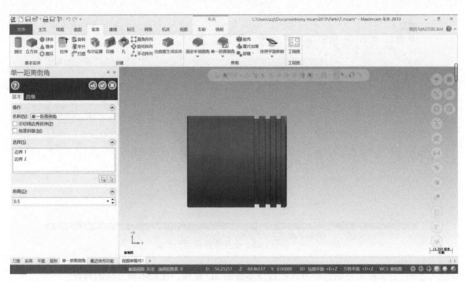

图 11-3　端面倒角

5）生成 ϕ12mm 的侧面通孔。应用"实体拉伸"命令进行孔处理，先从实体上的端面中心起，距离其 18mm 处画孔中心线，然后画 ϕ12mm 的圆，选择"实体"菜单下的"拉伸"命令，选中所画圆进行拉伸，在 "类型"中选择"切割主体"，形成通孔，生成侧面通孔如图 11-4 所示。

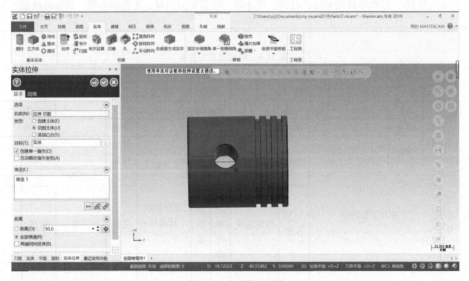

图 11-4　生成侧面通孔

6）生成加工部位圆形凹槽。零件实体建模完成后，根据加工任务要求在零件端面加工一个 ϕ30mm 的圆形凹槽，可以利用"实体拉伸"命令将圆形凹槽做出来。所完成的零件实体模型如图 11-5 所示。

项目 5　智能制造系统生产管理			任务 11　数字化设计与管理	
姓名：	班级：	日期：		实施页　3

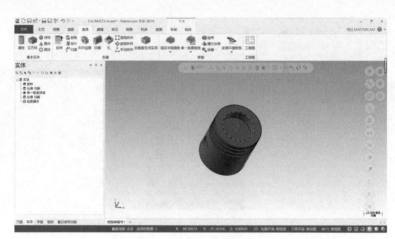

图 11-5　零件实体模型

? 引导问题 8：尝试用另外的造型方式进行该零件的 3D 建模，比较不同方法的特点。

二、零件加工工艺

1.制订零件加工工艺

? 引导问题 9：零件加工工序是根据哪些因素确定的？

? 引导问题 10：根据零件的型号、材料、尺寸等，确定切削用量、工艺装备等，填写机械加工工艺卡，见表 11-6。

表 11-6　机械加工工艺卡

操作者		产品名称及型号		零件名称			零件图号				
	材料	名称	毛坯	种类		零件质量/kg		毛重		第　　页	
		牌号		尺寸				净重		共　　页	
		性能						每批件数			
工种	工序号	工步号	工序及工步内容	切削用量				设备名称及编号	工艺装备		单件工时
				切削深度	切削速度	每分钟转速	进给量		夹具	刀具	量具
编制		校对		核审		会签					

项目 5　智能制造系统生产管理		任务 11　数字化设计与管理	
姓名：	班级：	日期：	实施页　4

2. 选择机床与设置刀具参数

1）选择机床，可按照实际的智能制造设备机床型号选择，例如选择铣床及型号 KND 3X Mill。在 Mastercam 中，机床文件由各机床厂家提供，在使用中可以导入机床文件，进行机床选型。

2）选择机床刀路，选择"铣床刀路"→"2D 高速刀路"→"动态铣削"，铣床刀路选择如图 11-6 所示。

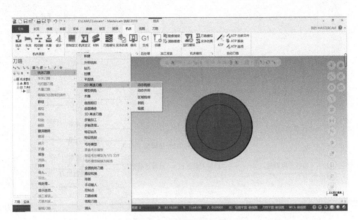

图 11-6　选择铣床刀路

3）选择加工范围，对需要加工的圆形凹槽，选择圆槽的底面。加工范围选择如图 11-7 所示。

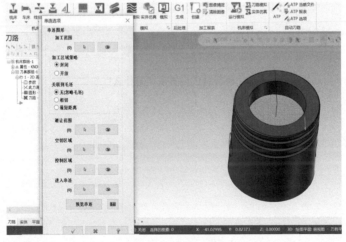

图 11-7　选择加工范围

4）设置刀具参数，选择"8 平底刀"，定义其参数，输入"刀具直径"为"8.0"，设置刀具的其他属性，如"刀具编号""刀长补正""线速度""每齿进刀量""进给速率"等。刀具参数也可以在工作屏幕中修改，如将"主轴转速"设置为"3500"，"下刀速率"设置为"600.0"，"进给速率"设置为"1000.0"。刀具参数设置如图 11-8 所示。

项目 5 智能制造系统生产管理		任务 11 数字化设计与管理	
姓名：	班级：	日期：	实施页 5

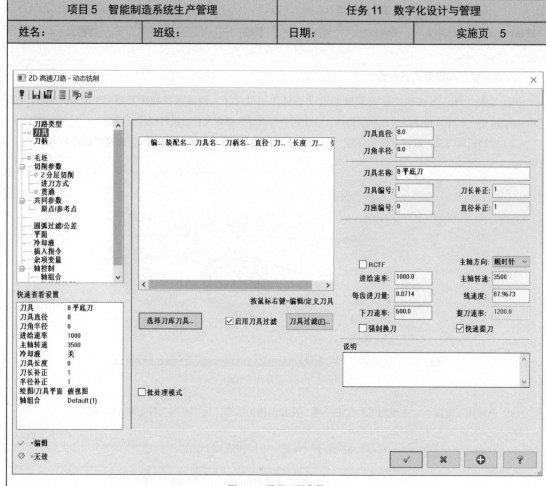

图 11-8   设置刀具参数

? 引导问题 11：刀具的进给速率和主轴转速的设置依据是什么？

3. 设置切削参数和编制刀具路径

1）设置切削参数，包括"切削方向""校刀位置""步进量"等。切削参数设置如图 11-9 所示。

项目 5　智能制造系统生产管理		任务 11　数字化设计与管理	
姓名：	班级：	日期：	实施页　6

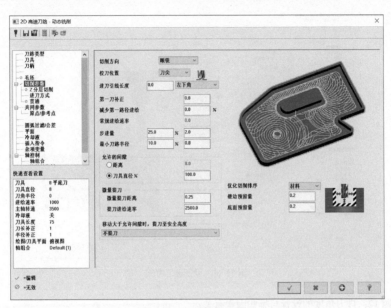

图 11-9　设置切削参数

2）设置"Z 分层切削"，本次将"最大粗切步进量"设置为"5.0"，也就是进层两刀。也可以进行"精修量"设置，这里未设置。"Z 分层切削"设置如图 11-10 所示。

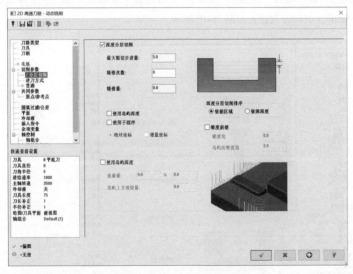

图 11-10　设置"Z 分层切削"

3）设置进刀方式，选择"单一螺旋"，根据刀具设置"螺旋半径"和"进刀角度"。进刀方式设置如图 11-11 所示。

项目 5　智能制造系统生产管理	任务 11　数字化设计与管理	
姓名：	班级：	日期：　　　　　　实施页　7

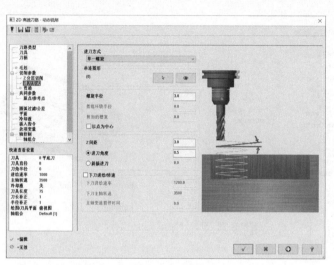

图 11-11　设置进刀方式

? 引导问题 12：进刀角度的设置与哪些因素有关？

4）设置共同参数，对"安全高度""参考高度""下刀位置""工件表面""深度"等进行参数设置。"安全高度"设置为"50.0"，"参考高度"设置为"6.0"，"下刀位置"设置为"3.0"，"工件表面"设置为"0.0"，"深度"设置为"–10.0"。共同参数设置如图 11-12 所示。

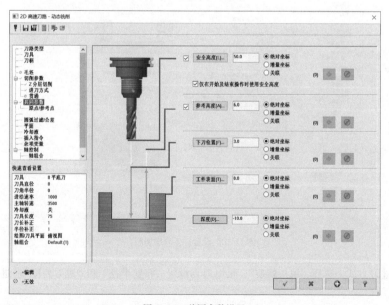

图 11-12　共同参数设置

项目 5　智能制造系统生产管理		任务 11　数字化设计与管理	
姓名：	班级：	日期：	实施页　8

? 引导问题 13：绝对坐标和增量坐标有什么区别？

? 引导问题 14：安全高度和参考高度分别是什么意思？

5）圆弧过滤 / 公差设置如图 11-13 所示，选中"线 / 圆弧过滤设置"单选按钮，"总公差"设置为"0.01"。

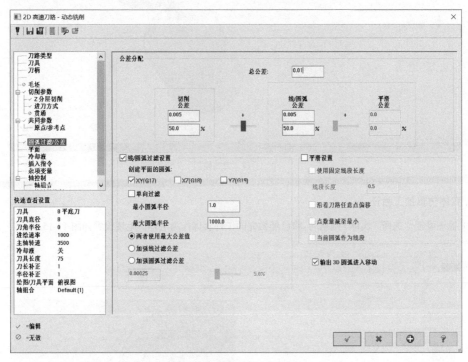

图 11-13　设置圆弧过滤 / 公差

6）设置冷却液，选择在加工开始时打开冷却液。

7）粗切设置完成后，可以根据零件精度要求再设置精切的刀路，设置过程与粗切相同，具体参数根据精修要求进行修改，如"主轴转速"应提高，设置为"4000"，"进给速率"应降低，设置为"600.0"。

? 引导问题 15：精切参数设置与粗切参数设置有什么不同？为什么？

三、模拟加工

1. 工件加工刀路模拟

当设置完粗切的刀路参数后，就可以启动路径模拟进行模拟刀路加工，观察所设置参数的情况，刀路模拟如图 11-14 所示。

项目 5　智能制造系统生产管理		任务 11　数字化设计与管理	
姓名：	班级：	日期：	实施页　9

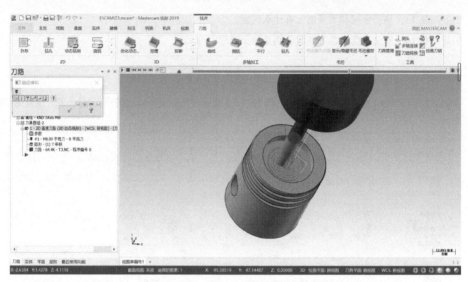

图 11-14　刀路模拟

2. 实体仿真加工验证

1）毛坯设置，选择"实体 / 网格"，将已经做完的工件实体作为毛坯。毛坯设置如图 11-15 所示。

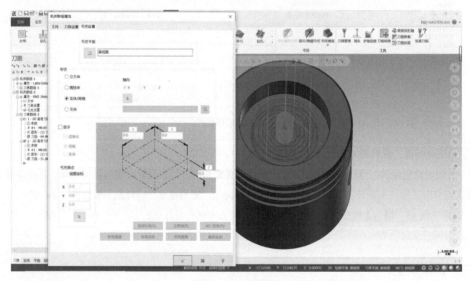

图 11-15　毛坯设置

2）实体仿真加工验证，单击"刀路"菜单下方的"验证"，调用 Mastercam 模拟器进行实体仿真加工验证，观察粗切和精修的仿真加工过程。实体仿真加工验证如图 11-16 所示。

项目 5　智能制造系统生产管理	任务 11　数字化设计与管理		
姓名：	班级：	日期：	实施页　10

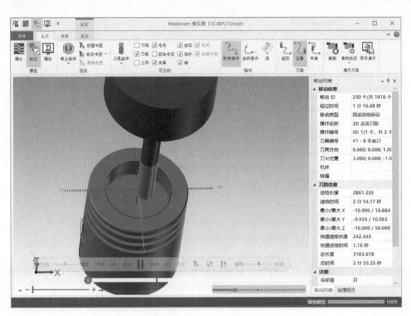

图 11-16　实体仿真加工验证

？引导问题 16：实体仿真加工验证的作用是什么？

四、生成零件数控加工程序

在"刀路"选项卡中单击"G1"按钮，弹出"后处理程序"对话框，如图 11-17 所示。

图 11-17　"后处理程序"对话框

　　粗切加工和精修加工可以单独导出数控加工程序为".NC"的文件，也可以一起导出，设置需要导出的加工程序文件地址及文件名称。加工程序文件导出保存设置如图 11-18 所示。

项目 5　智能制造系统生产管理		任务 11　数字化设计与管理	
姓名：	班级：	日期：	实施页　11

图 11-18　加工程序文件导出保存设置

等待 Mastercam 自动生成数控加工程序，就可以打开文件查看和修改。生成导出的数控加工程序文件如图 11-19 所示。

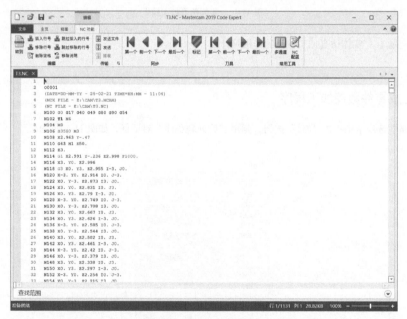

图 11-19　数控加工程序文件

五、加工程序放入制造执行系统（MES）

将 CAD/CAM 软件生成的加工程序文件放到计算机的制造执行系统（MES）指定的共享文件夹目录下，如公用 \MESFile\CncProg\，作为技术文件由 MES 读入调用，如图 11-20 所示。

项目 5　智能制造系统生产管理		任务 11　数字化设计与管理	
姓名：	班级：	日期：	实施页　12

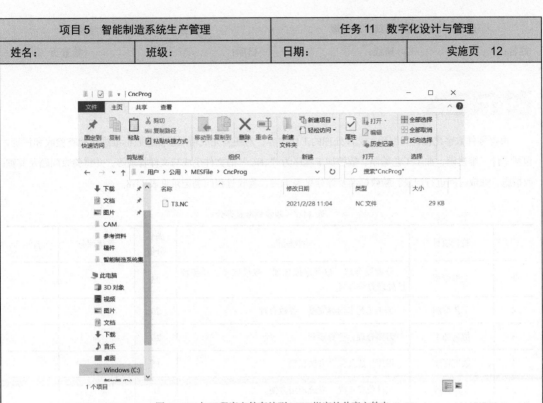

图 11-20　加工程序文件存放到 MES 指定的共享文件夹

? 引导问题 17：存放数控加工程序为 ".NC" 的文件路径怎么设置？

? 引导问题 18：尝试在数控铣床或加工中心上进行该零件的首件试切。

项目 5　智能制造系统生产管理			任务 11　数字化设计与管理	
姓名：	班级：	日期：		检查页

检查验收

　　根据零件数字化设计、编程、文件处理的工作内容，对任务完成情况按照验收标准进行检查验收和评价，包括零件三维建模、加工工艺编制、数控加工程序为".NC"的文件生成与文件管理等，并将验收问题及其整改措施、完成时间进行记录。验收标准及评分见表 11-7，验收过程问题记录见表 11-8。

表 11-7　验收标准及评分

序号	验收项目	验收标准	满分分值	教师评分	备注
1	三维建模	分型线合理，数据定位合理，数模完整，局部特征处理方法得当	25		
2	工艺编制	加工工艺卡内容完整，参数合理	20		
3	仿真加工	刀路合理，仿真顺利	20		
4	数控程序	程序生成及保存方法正确	15		
5	文件管理	文件位置正确，系统调用方便	10		
6	问题处理	解答问题方法合理	10		
		合计	100		

表 11-8　验收过程问题记录

序号	验收问题记录	整改措施	完成时间	备注

项目 5 智能制造系统生产管理		任务 11 数字化设计与管理	
姓名：	班级：	日期：	评价页

评价反馈

各组展示作品，介绍任务的完成过程并提交阐述材料，进行学生自评、学生组内互评、教师评价，完成考核评价。考核评价见表 11-9。

? 引导问题 19：在本次任务完成过程中，给你留下印象最深的是哪件事？自己的能力有哪些明显提高？

? 引导问题 20：你对 CAD/CAM 软件应用掌握得如何？继续了解一下 MES 是如何调用程序文件的吧。

表 11-9 考核评价

评价项目	评价内容与标准	满分分值	自评 20%	互评 20%	教师评价 60%	合计
职业素养 40 分	具有职业道德、安全意识、责任意识、服从意识	8				
	积极承担任务，按时完成工作页	8				
	积极参与团队合作，主动交流发言	8				
	遵守劳动纪律，现场"6S"行为规范	8				
	具有劳模精神、劳动精神、工匠精神	8				
专业能力 60 分	具备信息检索、资料分析能力	10				
	制订计划做到周密严谨	10				
	按照规程操作，精益求精	10				
	独立工作能力强，团队贡献度大	10				
	分工协作好，工作效率高	10				
	质量意识强，任务验收质量好	10				
合计		100				
创新能力 20 分	创新性思维和行动	20				
总计		120				

教师签名： 学生签名：

项目 5　智能制造系统生产管理		任务 11　数字化设计与管理	
姓名：	班级：	日期：	知识页

相关知识点： CAD/CAM 技术，BOM 文件的基础知识

一、计算机辅助设计与制造（CAD/CAM）介绍

计算机辅助设计及制造（CAD/CAM）技术是机械制造业的重要工具软件，它借助于计算机和软件系统，完成产品结构描述、工程信息表达、工程信息的传输与转化、信息管理等工作，实现产品从零件设计、工艺表达、程序控制、自动加工到成品的自动化生产过程。

1. CAD/CAM 的系统组成

CAD/CAM 系统由硬件系统和软件系统组成。硬件系统包括计算机、网络及通信设备、数控机床、输送装置、装卸装置、存储装置、检测装置等。软件系统包括数据库、计算机辅助工艺过程设计、计算机辅助数控程序编制、计算机辅助加工。

2. CAD/CAM 系统的基本功能

二、零件数字化设计与编程

1. 零件数字化设计
2. 零件数控编程与加工

三、Mastercam 软件简述

四、BOM 的概念

采用计算机辅助企业生产管理，首先要使计算机能够读出企业所制造的产品构成和所有涉及的物料，为了便于计算机识别，必须把图表达的产品结构转化成某种数据格式，这种以数据格式来描述产品结构的文件就是物料清单，即 BOM（Bill of Material）。BOM 是定义产品结构的技术文件，因此，它又称为产品结构表或产品结构树。在某些工业领域，可能称为"配方""要素表"。在产品的整个生命周期中，产品要经过工程设计、工艺制造设计、生产制造三个阶段，根据不同部门对 BOM 的不同需求，相应地在这三个过程中产生了不同的物料清单，分别被称为 EBOM、PBOM、MBOM。

扫码看知识：

CAD/CAM 技术，BOM 文件的基础知识

扫码看视频：

零件数字化设计与编程

任务 12　智能制造系统设备管理

项目 5　智能制造系统生产管理		任务 12　智能制造系统设备管理	
姓名：	班级：	日期：	任务页　1

学习任务描述

　　设备层数据采集和可视化是实现智能制造系统设备管理的关键环节，只有设备层各部件工作正常，智能制造系统才能实现加工过程的整体控制。本任务要求掌握智能制造系统设备层数据采集和可视化的技术，能够对智能制造系统各设备部件完好性和各单元通信连接情况的检查，应用 MES 对智能制造系统的各工作单元如数控加工中心、工业机器人、立体仓储、AGV、视频监控系统等状态信息的数据采集与可视化，从而实现对智能制造系统设备的管理。

学习目标

　　1）了解制造执行系统（MES）应用知识，包括数据采集和数据分析的知识。

　　2）检查智能制造系统各设备部件的完好性。

　　3）检查智能制造系统各单元的通信连接情况。

　　4）应用 MES 进行设备层包括数控机床、工业机器人、立体仓库、AGV 等状态信息的数据采集和可视化。

任务书

　　在零件加工智能制造系统中，检查各设备部件的运行和网络连接情况，应用 MES 对数控机床、工业机器人、立体仓库、AGV、视频监控系统等工作单元进行参数、视频信息的跟踪、采集，实现设备状态信息的可视化显示。具体任务如下：

　　1）智能看板分别显示立体仓库状态、机床加工状态和工业机器人运动状态。

　　2）手动操作机床设备，在 MES 界面分别实时显示机床开关门、卡盘状态、主轴速度的状态信息。

　　3）手动操作工业机器人，在 MES 设备测试界面显示工业机器人运动状态、轴的坐标信息。

　　4）在立体仓库仓位中取放物料，在 MES 仓库测试界面中显示物料有无状态，并显示仓位指示灯。

　　5）在 MES 界面显示 AGV 运行情况的具体参数。

项目 5　智能制造系统生产管理			任务 12　智能制造系统设备管理	
姓名：	班级：		日期：	任务页　2

任务分组

　　班级学生分组，可 4～8 人为一组，轮流担任组长，使每人都有机会锻炼自己的组织协调能力和管理能力。各组任务可以相同，也可以不同，任务分工见表 12-1。每人明确自己承担的任务，注意培养独立工作能力和团队协作能力。

表 12-1　任务分工

班级		组号		任务	
组长		时间段		指导教师	
姓名、学号	任务分工				备注

学习准备

　　1）通过信息查询，了解设备层数据采集和可视化的相关知识，包括各种软件性能、技术特点、发展规模，培养信息采集能力，激发学习先进技术为祖国发展奋斗的精神。

　　2）根据设备说明书等技术资料，了解各单元设备的功能和参数。

　　3）根据技术资料，学习制造执行系统的应用，培养自主学习能力。

　　4）通过小组合作，制订设备层数据采集和可视化的工作计划，培养团队协作精神。

　　5）在教师指导下，检查智能制造系统各设备部件和各单元通信连接情况，培养严谨认真的工作态度。

　　6）在教师指导下，对智能制造系统各工作单元进行数据采集和可视化显示，培养精益求精的职业素养。

项目 5　智能制造系统生产管理		任务 12　智能制造系统设备管理	
姓名：	班级：	日期：	信息页

获取信息

　? 引导问题 1：自主查阅零件加工智能制造系统各设备技术资料。

　? 引导问题 2：了解零件加工智能制造系统中各设备有哪些应检该检项目。

　? 引导问题 3：了解零件加工智能制造系统中各工作单元是如何进行互连互通的。

　? 引导问题 4：参考技术资料，学习 MES 软件的使用。

　? 引导问题 5：MES 是通过什么方式对智能制造系统的设备层各部件进行数据采集的？

　? 引导问题 6：MES 看板显示中有哪些设备管理项目？

项目 5 智能制造系统生产管理		任务 12 智能制造系统设备管理	
姓名：	班级：	日期：	计划页

工作计划

　　按照任务书要求和获取的信息，制订零件加工智能制造系统的设备层数据采集和可视化的工作计划，包括需要进行的各设备检查、数据采集、数据显示等工作内容和步骤，完成设备层数据采集和可视化工作计划，见表 12-2。

表 12-2   设备层数据采集和可视化工作计划

步骤名称	工作内容	负责人

项目 5 智能制造系统生产管理		任务 12 智能制造系统设备管理	
姓名:	班级:	日期:	决策页

进行决策

对不同组员的"设备层数据采集和可视化工作计划"进行对比、分析、完善,形成小组决策,作为工作实施的依据。做出计划对比分析记录,设备层数据采集和可视化决策方案见表 12-3。

记录:

表 12-3   设备层数据采集和可视化决策方案

步骤	工作内容	负责人

项目 5　智能制造系统生产管理		任务 12　智能制造系统设备管理	
姓名：	班级：	日期：	实施页　1

工作实施

以智能制造系统集成应用平台 DLIM-441（图 12-1）为例，按以下步骤实施设备层数据采集和可视化任务。

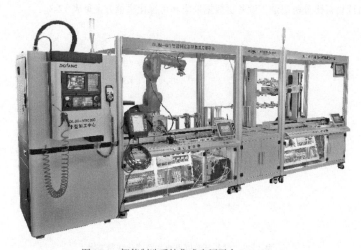

图 12-1　智能制造系统集成应用平台 DLIM-441

1. 检查智能制造系统各设备部件

根据设备技术资料，对智能制造系统各工作单元进行功能检测，发现并排除故障，确认所有设备能够正常运行。

? 引导问题 7：请列出智能制造系统各设备的功能检测项目。

? 引导问题 8：数控加工中心检查时应注意哪些问题？

? 引导问题 9：工业机器人手动运行中，遇到过异常情况吗？是如何解决的？

? 引导问题 10：主控单元如 PLC，在 MES 看板上并没有显示，为什么也应进行运行检查？

项目 5 智能制造系统生产管理		任务 12 智能制造系统设备管理	
姓名：	班级：	日期：	实施页 2

小提示

智能制造系统各设备的功能检测项目主要有：

1）检查数控加工中心单元是否运行正常，包括主轴、运动轴、气动门以及动力夹具、在线检测系统等。

2）检查工业机器人单元是否运行正常，包括工业机器人手动运行、工业机器人夹具安装等。

3）检查智能检测站是否运行正常，包括工业视觉系统等。

4）检查料仓物料情况、机械手运行情况等。

5）检查 RFID 读写器、AGV 等是否运行正常。

6）检查主控单元是否运行正常，包括电源、PLC、触摸屏、操作面板等。

2. 检查智能制造系统各单元通信连接

对智能制造系统各单元进行网络互连检查，使数控加工中心、工业机器人、主控系统、编程计算机和 MES 部署计算机在一个网络构架中互连。

1）检查系统中主要模块的 IP 地址分配。

2）根据主控系统 PLC 的 IP 地址，查看其他相关设备的 IP 地址是否合理。

3）调试 MES 与 PLC、数控加工中心机床以及立体仓库等设备之间的连接和数据通信，只有通信正常，才能实现对整个加工过程进行设备数据采集和设备管理。

? 引导问题 11：如果智能制造系统中某两个设备的 IP 地址设置重复了（地址相同），会出现什么情况？

? 引导问题 12：智能制造系统各部件设备的网络通信分别采用什么方式？

? 引导问题 13：画出智能制造系统网络拓扑图。

项目 5 智能制造系统生产管理		任务 12 智能制造系统设备管理	
姓名：	班级：	日期：	实施页 3

小提示

智能制造系统集成应用平台 DLIM-441 网络拓扑图如图 12-2 所示。

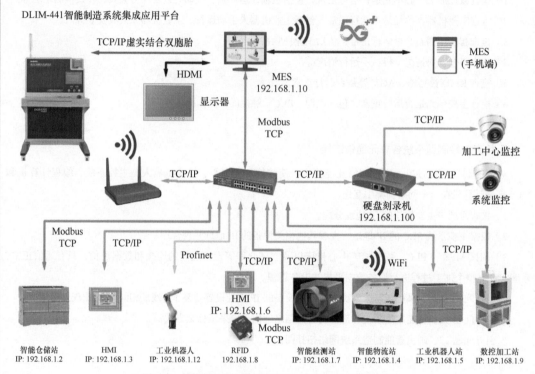

图 12-2   智能制造系统集成应用平台 DLIM-441 网络拓扑图

3. 应用 MES 进行设备层数据采集和可视化

应用 MES 生产管理软件进行各设备的数据采集和状态显示。智能制造系统集成应用平台 DLIM-441 的 MES 看板如图 12-3 所示。

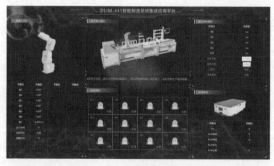

图 12-3   智能制造系统集成应用平台 DLIM-441 的 MES 看板

项目 5　智能制造系统生产管理		任务 12　智能制造系统设备管理	
姓名：	班级：	日期：	实施页　4

1）应用 MES 进行加工中心机床数据采集和显示，MES 看板显示机床数据包括"开关门""卡盘状态""工作模式""进给倍率""主轴速度"等，显示机床正在执行的加工程序名称，显示机床的刀补信息等。加工中心数据显示如图 12-4 所示。

图 12-4　加工中心数据显示

2）应用 MES 进行工业机器人数据采集和显示，MES 看板显示工业机器人数据，包括工业机器人轴位置信息，包括"轴 1""轴 2""轴 3""轴 4""轴 5""轴 6""轴 7"；看板显示工业机器人"运行速度""运行模式"等。工业机器人状态显示如图 12-5 所示。

图 12-5　工业机器人状态显示

？引导问题 14：测试工业机器人轴状态时需要注意哪些问题？

3）应用 MES 进行料仓数据采集和显示，MES 看板中显示物料仓库信息跟踪，实时跟踪物料状态信息，包括"无料""毛坯""加工中""合格""复合""不合格"等。仓库状态显示如图 12-6 所示。

项目 5　智能制造系统生产管理		任务 12　智能制造系统设备管理	
姓名：	班级：	日期：	实施页　5

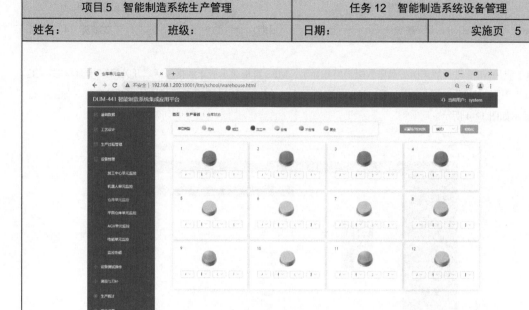

图 12-6　仓库状态显示

? 引导问题 15：测试仓库物料状态时显示状态有哪些？分别代表什么？

? 引导问题 16：若测试仓库物料状态显示错误，可能是哪个环节出了问题？

4）应用 MES 进行 AGV 数据采集和显示，MES 看板中实时显示 AGV 的基本参数包括 "AGV 速度" "AGV 电量" "AGV 状态" "AGV 位置" 等。AGV 数据显示如图 12-7 所示。

图 12-7　AGV 数据显示

项目 5　智能制造系统生产管理	任务 12　智能制造系统设备管理	
姓名：	班级：	日期：	实施页　6

? 引导问题 17：AGV 状态显示错误可能是哪个环节出现了问题？

? 引导问题 18：智能制造系统设备层数据采集和显示调试过程中，先后顺序应如何进行？

? 引导问题 19：MES 的数据采集和显示是如何实现的？

? 引导问题 20：请展示 RFID 的数据采集与显示状态。

项目 5　智能制造系统生产管理		任务 12　智能制造系统设备管理	
姓名：	班级：	日期：	检查页

检查验收

　　根据设备层数据采集和可视化的工作情况，对任务完成情况按照验收标准进行检查验收和评价，包括 MES 操作，数控机床、工业机器人、立体仓库、AGV、视频监控系统等数据采集及可视化，并将验收问题及其整改措施、完成时间进行记录。验收标准及评分见表 12-4，验收过程问题记录见表 12-5。

表 12-4　验收标准及评分

序号	验收项目	验收标准	满分分值	教师评分	备注
1	MES 主控显示数据质量	看板主控界面部件齐全，数据正确完整	20		
2	加工中心界面显示	数控机床各项数据显示正确	20		
3	工业机器人界面显示	工业机器人各项数据显示正确	20		
4	立体仓库界面显示	立体仓库各项数据显示正确	15		
5	AGV 界面显示	AGV 各项数据显示正确	15		
6	视频监控显示	视频监控画面显示正确完整	10		
合计			100		

表 12-5　验收过程问题记录

序号	验收问题记录	整改措施	完成时间	备注

　　? 引导问题 21：在验收时，若 MES 看板上显示的加工中心开关门状态和卡盘状态错误，应如何检查？

　　? 引导问题 22：验收时，当 MES 通信出现问题，应该如何检查？

　　? 引导问题 23：MES 在整个智能制造系统中处于什么地位，起什么作用？

项目 5　智能制造系统生产管理		任务 12　智能制造系统设备管理	
姓名：	班级：	日期：	评价页

评价反馈

各组展示作品，介绍任务的完成过程并提交阐述材料，进行学生自评、学生组内互评、教师评价，完成考核评价。考核评价见表 12-6。

？引导问题 24：在本次任务完成过程中，你学到了哪些知识和技能？自己的能力有哪些明显提高？

？引导问题 25：你掌握了应用 MES 进行设备层数据采集和可视化的方法吗？想继续学习应用 MES 进行订单管理与生产管理吗？开始吧！

表 12-6　考核评价

评价项目	评价内容与标准	满分分值	自评 20%	互评 20%	教师评价 60%	合计
职业素养 40 分	具有职业道德、安全意识、责任意识、服从意识	8				
	积极承担任务，按时完成工作页	8				
	积极参与团队合作，主动交流发言	8				
	遵守劳动纪律，现场"6S"行为规范	8				
	具有劳模精神、劳动精神、工匠精神	8				
专业能力 60 分	具备信息检索、资料分析能力	10				
	制订计划做到周密严谨	10				
	按照规程操作，精益求精	10				
	独立工作能力强，团队贡献度大	10				
	分工协作好，工作效率高	10				
	质量意识强，任务验收质量好	10				
合计		100				
创新能力 20 分	创新性思维和行动	20				
总计		120				

教师签名：　　　　　　　　学生签名：

项目 5　智能制造系统生产管理		任务 12　智能制造系统设备管理	
姓名：	班级：	日期：	知识页

相关知识点： MES 应用，MES 数据采集与可视化

一、MES 应用

1. MES 概念

MES（Manufacturing Execution System）即制造执行系统，是一套面向制造企业车间执行层的生产信息化管理系统。MES 定位于计划层和现场自动化系统之间的执行层，主要负责车间生产管理和调度执行。MES 可以在统一平台上集成如生产调度、产品跟踪、质量控制、设备故障分析、网络报表等管理功能，使用统一的数据库和通过网络连接可以同时为生产部门、质检部门、工艺部门、物流部门等提供车间管理信息服务，MES 能通过信息传递对从订单下达到产品完成的整个生产过程进行全方位跟踪、数据采集、分析处理、优化管理。这种对状态变化的迅速响应使 MES 能够有效指导生产运作过程，并在整个产品供应链中提供有关产品行为的任务信息。

2. MES 功能

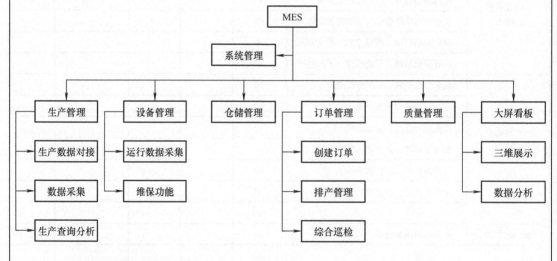

二、MES 数据采集与可视化

1. MES 数据采集与可视化的应用

2. MES 数据采集方式

3. MES 可视化电子看板

扫码看知识：

MES 应用，MES 数据采集与可视化

任务 13　订单管理与生产管理

项目 5　智能制造系统生产管理		任务 13　订单管理与生产管理	
姓名：	班级：	日期：	任务页　1

学习任务描述

　　智能制造系统中生产过程的规划与管理是开展生产活动的基础，将原材料、设备、人力和订单信息做好调配、管理和跟踪，从而使生产出的产品在质量、成本、交付时间等方面满足客户需求，通常由制造执行系统（MES）来完成。本学习任务要求在 MES 中根据销售订单完成订单生成、生产排程和生产管理，以实现对零件加工智能制造的过程管控。

学习目标

　　1）了解 MES 关于订单管理、生产管理的应用知识。

　　2）了解 BOM 的知识，能够完成订单数据的转化。

　　3）根据销售订单在 MES 中创建订单数据。

　　4）在 MES 中对订单进行手工排程、自动排程和生产管理。

任务书

　　某发动机制造企业，接到一个客户委托的活塞加工的订单，作为一名生产管理者或生产调度员，请你马上安排生产，在 MES 中将订单转化为生产计划，创建订单数据，完成生产排程与生产管理。

项目 5 智能制造系统生产管理			任务 13 订单管理与生产管理	
姓名：	班级：		日期：	任务页 2

任务分组

    班级学生分组，可 4～8 人为一组，轮流担任组长，使每人都有机会锻炼自己的组织协调能力和管理能力。各组任务可以相同，也可以不同，任务分工见表 13-1。每人明确自己承担的任务，注意培养独立工作能力和团队协作能力。

表 13-1   任务分工

班级		组号		任务	
组长		时间段		指导教师	
姓名、学号		任务分工			备注

学习准备

    1）通过信息查询了解 MES 关于订单管理、生产管理的应用知识。在学习国外先进技术的同时，树立加强推进国内技术发展的决心。

    2）根据技术资料了解 BOM 的知识和订单数据的含义，培养自学能力。

    3）在教师指导下，根据销售订单在 MES 中创建订单数据，培养严谨认真的工作态度。

    4）在教师指导下，在 MES 中对订单进行手工排程、自动排程和生产管理，培养精益求精的精神。

    5）小组之间进行任务完成度互检，注重过程性评价，注重安全、节约、环保意识的养成，注重综合素养的提升和培养。

项目 5　智能制造系统生产管理		任务 13　订单管理与生产管理	
姓名：	班级：	日期：	信息页

获取信息

? 引导问题 1：查阅资料，了解 MES 在制造生产系统中的作用。

? 引导问题 2：查阅资料，了解 BOM 文件的类别和含义。

? 引导问题 3：MES 接收销售订单数据的方法有哪几种？

? 引导问题 4：EBOM 与 PBOM 分别代表什么含义？

? 引导问题 5：智能制造系统中订单管理和生产管理是通过什么技术手段来实现的？请描述过程。

小提示

MES 及 MES 中的生产计划：MES 是生产执行层中的信息系统，既要从上层的业务层接收生产任务，又要从下层的设备控制层采集生产过程中的各类信息，以达到优化生产过程的目的，并将收集到的生产过程中的信息反馈给业务系统，实现信息和数据的双向传输交换。MES 中的生产计划指的是将来自业务层的销售订单经拆分和综合重组后形成生产订单。

在 MES 的订单管理功能中，有三种接收销售订单数据的方法，分别是从 ERP 系统获取订单、从数据文件导入订单及手工录入订单。

项目 5　智能制造系统生产管理		任务 13　订单管理与生产管理	
姓名：	班级：	日期：	计划页

工作计划

　　按照任务书要求和技术资料的信息，制订在 MES 中将销售订单转化成生产订单数据及完成生产排程的工作计划，包括制订 MES 中订单管理相关功能模块，以及订单管理、生产排程和生产管理的工作计划。MES 中订单管理功能模块见表 13-2，订单管理、生产排程和生产管理工作计划见表 13-3。

表 13-2　MES 中订单管理功能模块

模块名称	模块功能	备注

表 13-3　订单管理、生产排程和生产管理工作计划

步骤名称	工作内容	负责人

小提示

　　在 MES 中完成生产计划的制订主要涉及两个方面：订单数据的创建、订单生产排程管理。如前所述 MES 接收销售订单数据的方法有三种，其中对应手工排程的主要有从数据文件导入订单和手工录入订单，对应的功能模块包括订单管理模块、订单 BOM 管理模块及排程管理模块。

　　BOM（物料清单）是以数据格式来描述和定义产品结构、工艺等信息的技术文件，又称为产品结构表或产品结构树。

项目 5 智能制造系统生产管理		任务 13 订单管理与生产管理	
姓名:	班级:	日期:	决策页

进行决策

对不同组员的"订单管理、生产排程和生产管理工作计划"进行对比、分析、完善,形成小组决策,作为工作实施的依据。做出计划对比分析记录,订单管理、生产排程和生产管理工作方案见表 13-4。

记录:

表 13-4 订单管理、生产排程和生产管理工作方案

步骤	工作内容	负责人

? 引导问题 6:请画出在 MES 中订单管理流程图和生产管理流程图。

项目 5　智能制造系统生产管理		任务 13　订单管理与生产管理	
姓名：	班级：	日期：	实施页　1

工作实施

在智能制造系统集成应用平台中，按以下步骤在 MES 中对活塞加工进行订单管理与生产管理。

1. 订单管理

创建订单数据，建立订单管理。

（1）登录 MES

1）双击桌面上的"mdcserver"图标，开启 MES 服务器。

2）打开浏览器，输入网址"http://192.168.1.200:10001/itm/school/login.html"，在 MES 登录界面输入用户名"system"、密码"system"，登录进入系统。MES 登录界面如图 13-1 所示。

图 13-1　MES 登录界面

（2）生成工程表单 EBOM

1）添加工序。在左侧的菜单栏里依次单击"基础数据"→"工厂建模"，打开"典型工艺"界面，在"工序名称"和"工序号"文本框中分别填写"铣"和"X"，单击"添加"按钮，完成添加工序。添加工序界面如图 13-2 所示。

图 13-2　添加工序界面

2）建立文件夹。在左侧的菜单栏里依次单击"工艺设计"→"EBOM"，打开"文档树"界面，在"文档树"里新建文件夹，名称命名为"DL"。

项目 5　智能制造系统生产管理	任务 13　订单管理与生产管理		
姓名：	班级：	日期：	实施页　2

3）放入零件图。选择"DL"文件夹，在"文档列表"里上传图纸，在"EBOM结构树"中，单击"添加零件"按钮，在对话框中填写名称为"装配图"，图号为"ZN-O1"，数量为1。选中"装配图 [ZN-01]"，单击"添加零件"，在对话框中填写名称为"大活塞"，图号为"ZN-O1-01"，数量为1。按照同样步骤添加名称为"小活塞"、图号为"ZN-O1-02"、数量为1的零件。

4）发布EBOM。先在PBOM界面的"产品列表"中单击"产品"，新建一个产品，命名为"装配图"。再在EBOM界面中单击"输出至PBOM"，在弹出的对话框中选择"装配图"，装载零件信息的EBOM发布成功。工程表单EBOM界面如图13-3所示。

图 13-3　工程表单 EBOM 界面

（3）生成计划表单 PBOM

1）找到EBOM。在左侧菜单栏单击"PBOM"，打开PBOM界面，单击"产品列表"中的"装配图"可以在"EBOM结构树"中看到刚才创建的EBOM。

2）生成PBOM。单击"大活塞"，展开后单击"新建工序"，为零件添加工序（在工厂建模里建立的工序），同样为"小活塞"添加工序。之后，单击"BOM及工艺路线发布"，装载工艺信息的PBOM提取完成。计划表单PBOM界面如图13-4所示。

图 13-4　计划表单 PBOM 界面

项目 5　智能制造系统生产管理		任务 13　订单管理与生产管理	
姓名：	班级：	日期：	实施页　3

（4）完成加工工艺　在左侧菜单栏中单击"加工工艺"，打开"加工工艺"界面，在左上角下拉列表框中，可以找到"装配图"，选择后显示对应零件的相关信息，依次单击"上传图纸""上传加工工艺卡""上传 NC 文件"。加工工艺界面如图 13-5 所示。

图 13-5　加工工艺界面

? 引导问题 7：在 MES 中创建订单数据时需注意哪些问题？

? 引导问题 8：订单 BOM 与产品 BOM 不一致时，系统显示界面有何不同？

2. 生产管理

（1）订单创建　在左侧的菜单栏中依次单击"生产过程管理"→"订单管理"，打开"订单管理"界面，单击"新增订单"，填写"订单编号"等信息，单击"刷新"按钮，订单创建完成。订单管理界面如图 13-6 所示。

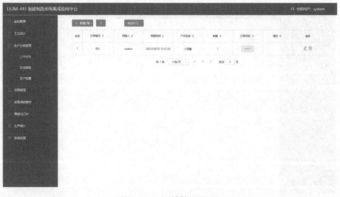

图 13-6　订单管理界面

项目 5　智能制造系统生产管理		任务 13　订单管理与生产管理	
姓名：	班级：	日期：	实施页　4

（2）手动排程　在左侧菜单栏中单击"手动排程"，打开"手动排程"界面，选中订单，单击"排产"按钮，可以进行单个订单的排产，单击"确定排产"按钮，可以进行全部订单的下发。手动排程界面如图 13-7 所示。

图 13-7　手动排程界面

（3）自动排程和生产　在左侧菜单栏中单击"生产管理"，打开"生产管理"界面，可以看到刚才排程的全部订单，在此界面左上角是 MES 的"启动""停止""复位""清零"按钮，右上角设置机床"启用"和"不启用"，一般默认"启用"，还有"自动生产""插入订单"和"停止生产"功能，这里使用"自动生产"功能，选中订单，单击"自动生产"按钮，系统进行订单的下发和生产。生产管理界面如图 13-8 所示。

图 13-8　生产管理界面

? 引导问题 9：请思考并验证，完成排程操作后，此时各个工位能看到各自工位上的生产任务吗？

（4）生产报表和生产追溯　在左侧菜单栏中单击"生产统计"，可以看到生产报表和生产追溯。生产报表界面如图 13-9 所示，生产追溯界面如图 13-10 所示。

项目 5　智能制造系统生产管理	任务 13　订单管理与生产管理	
姓名：	班级：	
日期：	实施页　5	

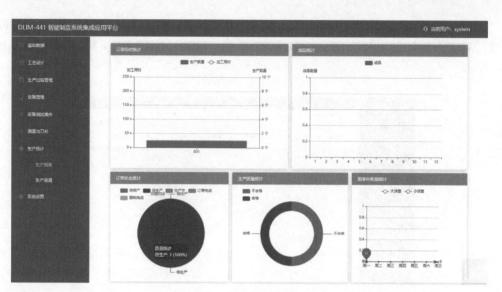

图 13-9　生产报表界面

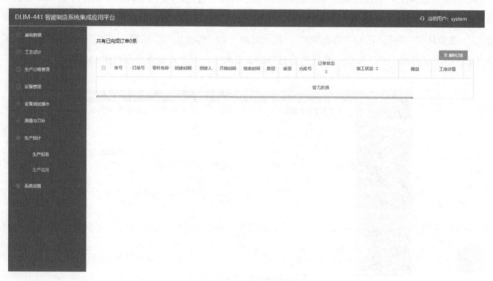

图 13-10　生产追溯界面

? 引导问题 10：请描述在 MES 中从生产任务下达到输出成品的流程。

项目 5　智能制造系统生产管理		任务 13　订单管理与生产管理	
姓名：	班级：	日期：	检查页

检查验收

　　根据 MES 创建订单数据与订单管理完成情况，对任务完成情况按照验收标准进行检查验收和评价，包括订单数据创建、订单管理流程、MES 中相关功能使用的情况等，并将验收问题及其整改措施、完成时间进行记录。验收标准及评分见表 13-5，验收过程问题记录见表 13-6。

表 13-5　验收标准及评分

序号	验收项目	验收标准	满分分值	教师评分	备注
1	创建工序	与设备匹配正确	20		
2	创建订单数据	EBOM 和 PBOM 与零件图样相符	20		
3	生产排程	手工排程和订单排程正确	20		
4	生产管理	获得生产报表和生产追溯	20		
5	MES 中相关功能的使用	订单管理等模块使用正确	20		
	合　计		100		

表 13-6　验收过程问题记录

序号	验收问题记录	整改措施	完成时间	备注

小提示

　　MES 中的生产任务下达：在 MES 中完成订单的排程后，生产任务尚未下达到工位，生产任务下达前，在工位生产客户端上看不到工位生产任务，这时就需要生产调度者在 MES 的生产管理客户端（Web 界面）中操作以实现生产任务下达的功能。

　　从生产任务下达到输出成品的实施过程：当生产调度者完成生产任务下达后，该生产任务就会被立刻推送到相应的工位。接着就是生产任务实施过程了，即从工位接收生产任务、开始执行生产任务、开始生产、输出在制品一直到结束生产任务。注意，开始加工生产前，生产务必满足两个条件，即物料准备、前道工序已经完成。

项目 5　智能制造系统生产管理		任务 13　订单管理与生产管理	
姓名：	班级：	日期：	评价页

评价反馈

　　各组展示作品，介绍任务的完成过程并提交阐述材料，进行学生自评、组内互评、教师评价，完成考核评价。考核评价见表 13-7。

　　? 引导问题 11：请回顾总结智能制造系统生产管理主要包括哪些管理项目？它们分别是如何实现的？

　　? 引导问题 12：在本次任务完成过程中，请说说给你留下印象最深的事。

表 13-7　考核评价

评价项目	评价内容与标准	满分分值	自评 20%	互评 20%	教师评价 60%	合计
职业素养 40 分	具有职业道德、安全意识、责任意识、服从意识	8				
	积极承担任务，按时完成工作页	8				
	积极参与团队合作，主动交流发言	8				
	遵守劳动纪律，现场"6S"行为规范	8				
	具有劳模精神、劳动精神、工匠精神	8				
专业能力 60 分	具备信息检索、资料分析能力	10				
	制订计划做到周密严谨	10				
	按照规程操作，精益求精	10				
	独立工作能力强，团队贡献度大	10				
	分工协作好，工作效率高	10				
	质量意识强，任务验收质量好	10				
合计		100				
创新能力 20 分	创新性思维和行动	20				
总计		120				

教师签名：　　　　　　　　　　　学生签名：

项目 5　智能制造系统生产管理		任务 13　订单管理与生产管理	
姓名：	班级：	日期：	知识页

相关知识点： MES 的特点，BOM 的分类，MES 订单管理和 MES 生产管理

一、MES 的特点

1）MES 是对整个车间制造过程的优化，而不是单一地解决某个生产瓶颈。

2）MES 必须提供实时收集生产过程中数据的功能，并做出相应的分析和处理。

3）MES 需要与计划层和控制层进行信息交互，通过企业的连续信息流来实现企业信息全集成。

二、BOM 的分类

1. 工程 BOM——（Engineering BOM，EBOM）

2. 计划 BOM——（Plan BOM，PBOM）

3. 制造 BOM——（Manufacturing BOM，MBOM）

三、MES 订单管理

1）编辑订单文件（基于系统提供的 Excel 模板编辑）。

2）在 MES 中创建订单数据。

3）修改订单 BOM。

4）订单生产排程。

5）排程确认。

四、MES 生产管理

1）生产任务下达。

2）工位任务接收。

3）生产任务开始处理。

4）开始生产前准备操作。

扫码看知识：

MES 的特点，BOM 的分类，MES 订单管理和 MES 生产管理

项目6

智能制造系统故障检修

项目6　智能制造系统故障检修		任务14～任务16	
姓名：	班级：	日期：	项目页

项目导言

　　本项目面向智能制造系统，以智能制造系统故障检修为学习目标，以任务驱动为主线，以工作进程为学习路径，分别对智能制造系统中相关的数控机床常见报警故障处理、工业机器人常见报警故障处理、智能制造系统故障发现及处理的学习内容进行了任务部署，针对各项学习任务给出了任务要求、学习目标、工作步骤（六步工作法）、评价方案、学习资料等工作要求和学习指导。

项目任务

1. 数控机床常见报警故障处理
2. 工业机器人常见报警故障处理
3. 智能制造系统故障发现与处理

项目学习摘要

任务 14　数控机床常见报警故障处理

项目 6　智能制造系统故障检修		任务 14　数控机床常见报警故障处理	
姓名：	班级：	日期：	任务页　1

学习任务描述

　　数控机床是零件加工智能制造系统的主要生产设备，其结构比较复杂，在实际的生产中会出现故障，及时发现并排除数控机床故障至关重要。本学习任务要求掌握检查发现数控机床故障、分析故障原因，进行故障处理的知识和方法，以保证数控机床及智能制造系统正常工作。

学习目标

　　1）了解数控机床常见故障的特点，能够检查并发现数控机床故障。
　　2）对常见故障现象进行分析诊断，根据故障现象查询故障码。
　　3）掌握数控机床机械故障和电气故障的常规处理步骤。
　　4）掌握数控机床常见报警代码的排除方法。

任务书

　　企业应用智能制造系统的数控机床在工作过程中，因某些原因或突发情况，会出现故障现象，影响数控机床的正常使用。请根据数控机床工作情况，了解常见数控机床故障特点，针对不同故障现象进行原因分析和故障诊断，并进行相应的故障处理或故障排除。

任务分组

　　班级学生分组，可 4 ~ 8 人为一组，轮流担任组长，使每人都有机会锻炼自己的组织协调能力和管理能力。各组任务可以相同，也可以不同，任务分工见表 14-1。每人明确自己承担的任务，注意培养独立工作能力和团队协作能力。

项目6　智能制造系统故障检修			任务14　数控机床常见报警故障处理	
姓名：		班级：	日期：	任务页　2

表14-1　任务分工

班级		组号		任务	
组长		时间段		指导教师	
姓名、学号		任务分工			备注

学习准备

1）通过信息查询，获得数控机床常见故障的相关知识，了解各品牌的差异，学习先进技术，培养创新意识。

2）了解数控机床常见故障的特点，能够检查并发现数控机床故障。

3）通过小组合作，对常见故障现象进行分析诊断，根据故障现象查询故障码，培养团队协作精神。

4）在教师的指导下，掌握数控机床机械故障和电气故障常规处理步骤，培养勇于实践的精神。

5）在教师的指导下，掌握数控机床常见报警代码排除方法，完成数控机床的故障分析和解决方案，培养严谨的工作态度。

项目6 智能制造系统故障检修		任务14 数控机床常见报警故障处理	
姓名:	班级:	日期:	信息页

获取信息

? 引导问题1：自主学习数控机床故障诊断的相关知识。

? 引导问题2：查阅资料了解数控机床有哪些常见故障？如何及时发现故障现象？

? 引导问题3：现场学习并归纳数控机床故障原因的分析方法。

? 引导问题4：数控机床的机械故障和电气故障分别有什么特点？应做什么处理？

? 引导问题5：数控机床故障报警一般分为哪几类？各类报警码分别与哪些因素有关？

? 引导问题6：根据现场实例，小组讨论数控机床故障的现象、原因，制订故障处理方案。

项目 6　智能制造系统故障检修		任务 14　数控机床常见报警故障处理	
姓名：	班级：	日期：	计划页

工作计划

　　按照任务书要求和获取的信息，制订解决数控机床故障问题的工作计划，包括发现故障，分析原因，故障处理，过程安排，部件、工具准备，检查调试等工作内容和步骤。计划应考虑到绿色、环保与节能要素。解决数控机床故障问题的工作计划见表 14-2，工具、器件计划清单见表 14-3。

表 14-2　解决数控机床故障问题的工作计划

步骤名称	工作内容	负责人

表 14-3　工具、器件计划清单

序号	名称	型号和规格	单位	数量	备注

项目 6　智能制造系统故障检修		任务 14　数控机床常见报警故障处理	
姓名：	班级：	日期：	决策页

进行决策

　　各组代表阐述解决数控机床故障问题的工作计划，各组对其他组的工作计划提出不同看法，进行对比、分析、论证，教师结合各组完成情况进行点评，形成最佳工作方案，作为工作实施的依据。做出计划对比分析记录，解决数控机床故障问题的工作方案见表 14-4，工具、器件实施清单见表 14-5。

　　记录：

表 14-4　解决数控机床故障问题的工作方案

步骤名称	工作内容	负责人

表 14-5　工具、器件实施清单

序号	名称	型号和规格	单位	数量	备注

项目6　智能制造系统故障检修		任务14　数控机床常见报警故障处理	
姓名：	班级：	日期：	实施页　1

工作实施

数控机床是零件加工智能制造系统的主要生产设备，及时发现并排除其故障至关重要。对数控机床故障发现、原因分析和故障处理主要从以下几方面进行。

1. 检查发现数控机床故障

及时发现数控机床的故障现象，主要包括对机床运行状态的识别、预测和监视。

1）数控机床运行不正常，例如主轴变速不正常，无法实现高速或低速转动。

2）数控机床部件有问题，例如主轴振动较大，对加工零件表面质量和尺寸精度造成较大影响。

3）数控机床控制出状况，例如主轴或夹具夹紧出现问题，刀具或工件掉落或飞出。

4）数控机床自诊断发出报警信号，如指示灯、发光管、蜂鸣器、报警号等提示故障。

2. 分析数控机床故障的原因

1）调查现场，掌握第一手资料，把故障现象描述清晰，把故障问题列出来，如故障发生在哪个部位，正在执行哪种指令，故障发生前进行了哪种操作，轴处于什么位置，与指令值的误差量有多大，以前是否发生过类似故障，现场有无其他异常现象等。

2）运用发散思维，尽可能列出故障的原因。

3）预测故障原因，拟定检测的内容、步骤和方法，逐一进行检测、排查、核实。故障原因的检测顺序为先查外部后查内部，先查机械后查电气，先简单后复杂。故障诊断方法可以分为以经验工具为主的简易诊断法和仪器测试的精密诊断法。

4）对照报警信号和报警号编码的提示，做出故障诊断。

3. 数控机床故障的处理

根据故障现象、原因分析、故障诊断，进行综合判断和筛选，找出解决方案，对故障进行分类处理。

（1）机械故障的处理　机械故障一般是在操作中发现的。比如主轴变速、主轴振动、主轴装夹、进给卡顿等这些现象一般是由于机械问题引起的，与数控机床结构、传动、装配、磨损、润滑等因素有关。

故障发生的外部原因有供电电压不稳定，电源相序不正确，环境温度过高或过低，潮气、粉尘侵入，振动和干扰等。此外，人为因素如操作不当也是造成故障的原因之一。

机械类故障现象大多数是稳定出现的，只有少数情况下是时而出现、时而不见的。机械故障的处理比较麻烦，需要大拆大卸，费时费力。因此，机械维修与电气维修人员应在对故障判断为机械故障的可能性为90%以上时，并且已分析清楚，又通过试验对现象进行了必要的论证之后，才可以进行机械部件的拆卸维修。

（2）电路电气故障的处理　电路电气故障的出现通常无固定规律可循，故障原因有可能是焊点松动，元件漏电电流过大，特别是工作一段时间后，由于温度升高，使漏电电流进一步增大，温度继续升高，造成恶性循环，最后使元件动作错误。当机床停车，元件冷却下来，过一段时间又恢复正常。

虚焊故障不易查找，目测很难找到。故障处理是在出现故障时测出波形，分析查找虚焊点；或用手拨动元件一次后，看一看出现什么现象；或者监视某些值得怀疑的点，随时观察波形或电压的值，最后判断找出接触不良的点。

项目6　智能制造系统故障检修		任务 14　数控机床常见报警故障处理	
姓名：	班级：	日期：	实施页　2

（3）有自诊断信息的故障处理　数控机床有一套完整的自诊断报警系统，可以帮助维修人员查找故障。按自诊断系统所提供的信息，去查找故障点是一个捷径，但自诊断信息并非完全准确，需要认真分析对待。

（4）故障出现时但无报警的处理　操作者以为出现"系统死机"故障，但系统并未出现报警信号，实际上这是计算机处于中断状态，是它所需要的条件还未满足，这种现象是正常情况，只是等待时间长了一些，所以没有故障报警的信息。

？引导问题 7：请查看数控机床工作范围内，X、Y、Z 轴三个方向最大行程是否符合要求，并描述检查步骤。

？引导问题 8：在数控机床程序调试过程中，在报警界面先后显示"超出工作区：+Y"和"超程报警：–Z"，这两种报警的含义分别是什么？该如何排除该故障？

？引导问题 9：请检查数控机床程序中"IF"语句运用是否正确，并描述检查步骤。

？引导问题 10：在数控机床程序编写完成后，故障提示编号显示"1115"，其含义是什么？该如何排除该故障？

？引导问题 11：数控机床程序操作错（P/S 报警）一般包含哪些报警信息？

项目6　智能制造系统故障检修		任务14　数控机床常见报警故障处理	
姓名：	班级：	日期：	检查页

检查验收

　　根据工作状况，对任务完成情况按照验收标准进行检查验收和评价，包括故障检查发现、原因分析诊断、故障处理情况等，并将验收问题及其整改措施、完成时间进行记录。验收标准及评分见表14-6，验收过程问题记录见表14-7。

表14-6　验收标准及评分

序号	验收项目	验收标准	满分分值	教师评分	备注
1	故障发现检查	检查仔细，发现及时，描述准确	20		
2	故障原因分析	分析合理，有依据	20		
3	故障诊断	具有综合性，技术性，准确性	20		
4	故障处理	分类处理，方法得当，参考代码	20		
5	工作环节	步骤正确，内容详细，科学严谨	20		
合计			100		

表14-7　验收过程问题记录

序号	验收问题记录	整改措施	完成时间	备注

项目 6　智能制造系统故障检修		任务 14　数控机床常见报警故障处理	
姓名：	班级：	日期：	评价页

评价反馈

　　各组展示作品，介绍任务的完成过程并提交阐述材料，进行学生自评、学生组内互评、教师评价，完成考核评价。考核评价见表 14-8。

　　? 引导问题 12：在本次任务完成过程中，你解决了哪些故障? 举一反三，尝试自行完成其他故障的分析与排除。

表 14-8　考核评价

评价项目	评价内容与标准	满分分值	自评 20%	互评 20%	教师评价 60%	合计
职业素养 40 分	具有职业道德、安全意识、责任意识、服从意识	8				
	积极承担任务，按时完成工作页	8				
	积极参与团队合作，主动交流发言	8				
	遵守劳动纪律，现场"6S"行为规范	8				
	具有劳模精神、劳动精神、工匠精神	8				
专业能力 60 分	具备信息检索、资料分析能力	10				
	制订计划做到周密严谨	10				
	按照规程操作，精益求精	10				
	独立工作能力强，团队贡献度大	10				
	分工协作好，工作效率高	10				
	质量意识强，任务验收质量好	10				
合计		100				
创新能力 20 分	创新性思维和行动	20				
总计		120				

教师签名：　　　　　　　　学生签名：

项目 6　智能制造系统故障检修		任务 14　数控机床常见报警故障处理	
姓名：	班级：	日期：	知识页

 相关知识点： 数控机床故障检查相关要求，数控机床报警相关知识

一、数控机床故障检查相关要求

1. 检修数控机床时应采取的安全措施

2. 更换数控机床电子元器件时的安全措施

二、数控机床报警相关知识

1. 程序错误报警

2. 超程报警

3. 系统错误报警

4. 外部报警

5. 外部扩展报警

扫码看知识：

数控机床故障检查相关要求，数控机床报警相关知识

任务 15　工业机器人常见报警故障处理

项目 6　智能制造系统故障检修		任务 15　工业机器人常见报警故障处理	
姓名：	班级：	日期：	任务页　1

学习任务描述

工业机器人是零件加工智能制造系统的主要设备，因其集机械、电子、控制、计算机、传感器、人工智能多种先进技术于一体，所以结构精密复杂，及时发现并排除其故障至关重要。本任务要求掌握检查发现工业机器人故障、进行故障分析与诊断、处理 KUKA 工业机器人的常见故障的知识和方法，以保证工业机器人及智能制造系统正常工作。

学习目标

1）了解工业机器人常见故障的特点，能够检查并发现工业机器人故障。

2）对常见故障现象进行分析诊断。

3）处理 KUKA 工业机器人的常见故障和常见报警代码排除。

4）通过查阅手册，了解 KUKA 工业机器人故障信息并进行故障处理。

任务书

企业应用的智能制造系统的工业机器人在工作过程中，因某些原因或突发情况，会出现故障现象，影响工业机器人的正常使用。请根据工业机器人工作情况，了解 KUKA 工业机器人常见故障，针对不同故障现象进行原因分析和故障诊断，获取工业机器人操作、故障信息和故障处理等有效信息，并进行相应的故障处理或故障排除。

任务分组

班级学生分组，可 4～8 人为一组，轮流担任组长，使每人都有机会锻炼自己的组织协调能力和管理能力。各组任务可以相同，也可以不同，任务分工见表 15-1。每人明确自己承担的任务，注意培养独立工作能力和团队协作能力。

项目6　智能制造系统故障检修				任务15　工业机器人常见报警故障处理	
姓名：		班级：		日期：	任务页　2

表 15-1　任务分工

班级		组号		任务	
组长		时间段		指导教师	
姓名、学号	任务分工				备注

　学习准备

1）通过信息查询，获得工业机器人常见故障的相关知识，了解各品牌的差异，学习先进技术，培养创新意识。

2）了解工业机器人常见故障的特点，能够检查并发现故障。

3）通过小组合作，对常见故障现象进行分析诊断，培养团队协作精神。

4）在教师的指导下，掌握KUKA工业机器人的常见故障处理和常见报警代码排除方法，培养勇于实践的精神。

5）通过查阅手册，了解KUKA工业机器人故障信息并进行故障处理，培养严谨的工作态度。

项目6　智能制造系统故障检修		任务15　工业机器人常见报警故障处理	
姓名：	班级：	日期：	信息页　1

获取信息

? 引导问题1：查询资料，自主学习工业机器人故障诊断的相关知识。

? 引导问题2：查阅资料了解工业机器人有哪些常见故障？如何及时发现故障现象？

? 引导问题3：现场学习并归纳工业机器人故障原因及分析方法。

? 引导问题4：根据现场实例，小组讨论工业机器人故障的现象、原因，制订故障处理方案。

? 引导问题5：了解KUKA工业机器人筛选级别，分辨如图15-1所示筛选符号（蓝色方形、黄色圆形、红色六边形）的含义。

图15-1　筛选符号

小提示

工业机器人出现异常情况的处理：

1）检查轴是否出现了异常。了解是哪一个轴出现异常现象，如果没有明显异常动作而难以判断时，应对有无发出异常声音的部位、有无异常发热的部位、有无出现间隙的部位等进行调查。

2）检查是否部件出现了损坏。确定发生异常的轴后，应调查导致异常的部件原因，有时一种故障现象可能是由多个部件原因导致的，需要一一检查。

3）故障问题的处理。预估出现问题的原因后，按规定由专业维修人员进一步维修处理。

项目 6　智能制造系统故障检修		任务 15　工业机器人常见报警故障处理	
姓名：	班级：	日期：	信息页　2

? 引导问题 6：了解 KUKA 工业机器人运行日志，说明如图 15-2 中序号分别表示什么意义？

? 引导问题 7：如图 15-3 所示，"过滤器"中筛选类型包含哪几种？有哪几种筛选级别？

图 15-2　KUKA 运行日志"登录"界面

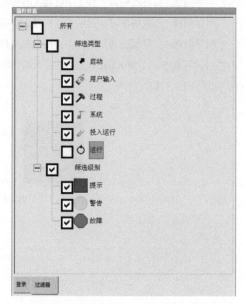

图 15-3　KUKA 运行日志"过滤器"界面

? 引导问题 8：工业机器人运行过程中故障提示编号显示"113"，其含义是什么？

? 引导问题 9：工业机器人运行过程中故障提示编号显示"1342"，其含义是什么？

? 引导问题 10：查看工业机器人工作范围，检查工作台最大工作尺寸是否符合要求。

? 引导问题 11：在工业机器人编程与调试过程中，如何避免发生故障？

项目 6　智能制造系统故障检修		任务 15　工业机器人常见报警故障处理	
姓名：	班级：	日期：	计划页

工作计划

　　按照任务书要求和获取的信息，制订解决工业机器人故障问题的工作计划，包括发现故障，分析原因，故障处理，部件、工具准备，检查调试等工作内容和步骤。计划应考虑绿色、环保与节能要素。解决工业机器人故障问题的工作计划见表 15-2，工具、器件计划清单见表 15-3。

表 15-2　解决工业机器人故障问题的工作计划

步骤名称	工作内容	负责人

表 15-3　工具、器件计划清单

序号	名称	型号和规格	单位	数量	备注

项目 6　智能制造系统故障检修	任务 15　工业机器人常见报警故障处理	
姓名：	班级：	日期：　　　　　决策页

进行决策

各组代表阐述解决工业机器人故障问题的工作计划，各组对其他组的工作计划提出不同看法，进行对比、分析、论证，教师结合各组完成情况进行点评，形成最佳工作方案，作为工作实施的依据。做出计划对比分析记录，解决工业机器人故障问题的工作决策见表 15-4，工具、器件实施清单见表 15-5。

记录：

表 15-4　解决工业机器人故障问题的工作决策

步骤名称	工作内容	负责人

表 15-5　工具、器件实施清单

序号	名称	型号和规格	单位	数量	备注

项目 6　智能制造系统故障检修		任务 15　工业机器人常见报警故障处理	
姓名：	班级：	日期：	实施页　1

工作实施

工业机器人是零件加工智能制造系统的主要设备，因其集机械、电子、控制、计算机、传感器、人工智能多种先进技术于一体，所以结构精密复杂，及时发现并排除其故障至关重要。对工业机器人故障发现、原因分析和故障处理，主要从以下几方面进行。

1. 检查发现工业机器人故障

工业机器人动作发生异常时，有可能是控制装置出现异常，或是因机械部件损坏所导致的异常。为了迅速排除故障，首先需要明确掌握现象，并判断是什么部件出现问题而导致的异常。检查和发现故障现象的工作步骤为：

（1）及时发现工业机器人异常情况

1）低速动作突然变成高速动作。

2）工业机器人搬运的工件掉落、散开。

3）工件处于夹持、联锁待命的停止状态下，工业机器人突然失去控制。

4）机构运行出现抖动。

5）工业机器人动作错误。

6）出现异常声响。

（2）现场重点检查

1）示教器电缆、电动机连接器和航空插头是否连接可靠。

2）外部线路、按钮等电气附件、管线附件是否正常。

3）控制柜通风是否正常。

4）减速器、齿轮箱、手腕部件等机械传动机构有无干涉、磨损、润滑泄漏。

5）末端执行器的螺钉、J1 ～ J6 轴电动机安装螺钉、工业机器人紧固螺钉是否紧固。

2. 工业机器人故障分析与诊断

1）描述故障现象，是否属典型故障现象。

2）故障产生时，工业机器人系统的输出状态。

3）故障现象的硬件关联检查，包括电源模块检查、DSE/RDC/KSD 等 LED 检查、连接电缆检查等。

4）检查外部接口信号 X11 是否丢失。

5）判断是否为偶发故障。

6）更换元件，故障是否消失。

7）在信息窗口显示的故障信息，工业机器人配有自我诊断功能及异常检测功能。

3. KUKA 工业机器人的常见故障及解决方案

1）开机坐标系无效。这是因为开机后没有选择工具。解决方案：配置→当前工具 / 基坐标→工具号→1。

2）需要专家密码。编辑程序需要专家密码。解决方案：配置→用户组→专家→登录→密码 kuka →登录。

项目 6　智能制造系统故障检修		任务 15　工业机器人常见报警故障处理	
姓名：	班级：	日期：	实施页　2

3）程序没有终点。新建程序需要设置终点 END。解决方案：调用子程序的过程为每个程序都以 DEF 行开始并以 END 行结束。

4）工业机器人没有回到 home 位置。解决方案：编辑程序时，程序第一条指令应设为 home 位置，这样工业机器人可以直接找到 home 位置，节省手动移动工业机器人的操作时间。

5）需要立即关闭输出信号。当打开了输出信号，在测试程序或者正常使用时，一旦遇到突发情况，比如程序路径有撞车危险、程序错误等，此时应立即手动关闭输出信号。在问题解决后再次用 kcp 打开输出信号。解决方案：显示→输入 / 输出端→数字输出端→按住驱动→数值（单击"值"即可关闭或打开输出信号）。

6）6D 鼠标失效。系统显示 6D 鼠标仍然有电压的提示，但是鼠标失效了，这时可以松开驱动，重新按下去等待驱动指示 I 变为绿色即可。

7）C 盘程序丢失。从计算机中复制程序，以防 C 盘程序丢失，届时可以从 D 盘或者 U 盘中复制使用。解决方案：专家登录后→按 Num（此时显示器上 Num 为灰色，再按一下转换回来）→ Ctrl+Esc →计算机 C 盘 → KRC → ROBOTER → KRC-R1-Program。

8）工业机器人保护限制无法动作。当工业机器人撞车时，会启动自动保护，因为工业机器人在 A6 轴处有一个保护系统，当撞车后弹簧被压弯变形，系统接收到信号后会停止一切操作。此后操作者无法操作工业机器人，这时候需要先关掉保护开关。解决方案：配置→输入 / 输出端→外部自动→允许运动→把 5 改成 1025 →此时工业机器人就不受系统保护限制可以移动，注意正确调节工业机器人运动方向，调整运动速度，离开撞车点，到达安全位置后把"允许运动"的数值再调成 5 即可。

9）工业机器人零点丢失。一些情况下需要重新标定零点，如蓄电池电量消耗殆尽后，工业机器人撞到硬限位，手动删除零点，开机失效时直接关机。工业机器人零点丢失后仅能做单轴运行。解决方案：重新标定零点。

10）KUKA 工业机器人需要数据备份。KUKA 工业机器人使用锂电池作为编码器数据备用电池。当电池电量下降超过一定限度时，则无法正常保存数据。电池应每两年更换一次，更换电池需在控制装置电源通电状态下进行。如果电源处于未接通状态，则编码器会出现异常，需要执行编码器复位操作。KUKA 工业机器人有两个电池安装位置，一个在控制柜门上，另一个在冷却通道下。控制柜上的插头 X305 带 F305 熔丝保护。控制系统出厂时电池插头 X305 已从控制柜中拔出，以防止镇流电阻导致电池过度放电。首次启动时，必须在控制系统关闭状态下插入 X305 电池插头。

4. 工业机器人安全操作要求

为避免人为操作失误引发故障，工业机器人安全操作要求有：

1）当工业机器人工作结束后，或保养和维修前，必须关闭工业机器人系统，并采取措施防止未经许可的启动。

2）人员对控制柜内操作时，必须等待 5min，直至中间回路完全放电。

3）如果必须在工业机器人控制系统启动状态下开展作业，则只准许在运行方式 T1 下进行。

4）当操作或维护人员离开工作现场时，必须切断电源。

5）在设备上悬挂标识牌用以表示正在执行的作业，暂停或停止作业时标识牌应保留在原地。

项目 6　智能制造系统故障检修		任务 15　工业机器人常见报警故障处理	
姓名：	班级：	日期：	实施页　3

6）紧急停止装置必须处于激活状态，若因保养或维修工作需要将安全功能或防护装置暂时关闭，在此之后必须立即重启。

7）已损坏的零部件必须采用同一部件编号的备件来更换，或者采用经 KUKA 公司认可的同质外厂备件替换。

8）工业机器人更换不同类型的工具后应做 Payload（有效载荷），从而使机器人识别工具中心。

9）必须按照操作指南进行清洁保养工作。

10）在拆卸零部件时需戴劳保手套，以防止手被锐边刮伤。

11）在工业机器人工作的危险区域内工作的人员必须穿戴防护用品。

? 引导问题 12：完成下列故障排除填空题。

1）所有在工业机器人工作的危险区域内工作的人员必须穿戴_____用品。

2）在保养和修理工作之前必须_____，以防止工业机器人被未经允许地误动作。

3）工业机器人更换不同类型的工具后应做_____，从而使工业机器人识别工具中心。

4）工业机器人零点丢失后仅能做_____。

? 引导问题 13：运行过程中故障提示编号显示"113"，该如何排除该故障？

? 引导问题 14：运行过程中故障提示编号显示"1342"，该如何排除该故障？

项目 6　智能制造系统故障检修		任务 15　工业机器人常见报警故障处理	
姓名：	班级：	日期：	检查页

检查验收

　　根据工作状况，对任务完成情况按照验收标准进行检查验收和评价，包括故障检查发现、原因分析诊断、故障处理情况等，并将验收问题及其整改措施、完成时间进行记录。验收标准及评分见表 15-6，验收过程问题记录见表 15-7。

表 15-6　验收标准及评分

序号	验收项目	验收标准	满分分值	教师评分	备注
1	故障发现检查	检查仔细，发现及时，描述准确	20		
2	故障原因分析	分析合理，有依据	20		
3	故障诊断	具有综合性、技术性、准确性	20		
4	故障处理	分类处理，方法得当，参考代码	20		
5	工作环节	步骤正确，内容详细，科学严谨	20		
合计			100		

表 15-7　验收过程问题记录

序号	验收问题记录	整改措施	完成时间	备注

项目 6　智能制造系统故障检修		任务 15　工业机器人常见报警故障处理	
姓名：	班级：	日期：	评价页

评价反馈

　　各组展示作品，介绍任务的完成过程并提交阐述材料，进行学生自评、学生组内互评、教师评价，完成考核评价。考核评价见表 15-8。

　　? 引导问题 15：在本次任务完成过程中，你解决了哪些故障? 举一反三，尝试自行完成其他故障的分析与排除。

表 15-8　考核评价

评价项目	评价内容与标准	满分分值	自评 20%	互评 20%	教师评价 60%	合计
职业素养 40 分	具有职业道德、安全意识、责任意识、服从意识	8				
	积极承担任务，按时完成工作页	8				
	积极参与团队合作，主动交流发言	8				
	遵守劳动纪律，现场 "6S" 行为规范	8				
	具有劳模精神、劳动精神、工匠精神	8				
专业能力 60 分	具备信息检索、资料分析能力	10				
	制订计划做到周密严谨	10				
	按照规程操作，精益求精	10				
	独立工作能力强，团队贡献度大	10				
	分工协作好，工作效率高	10				
	质量意识强，任务验收质量好	10				
合计		100				
创新能力 20 分	创新性思维和行动	20				
总计		120				

教师签名：　　　　　　　　　学生签名：

项目 6 智能制造系统故障检修	任务 15 工业机器人常见报警故障处理
姓名： 班级：	日期： 知识页

相关知识点：工业机器人的故障信息与故障处理

以智能制造系统集成应用平台 DLIM-441 中的 KUKA 工业机器人为例，其常见故障信息、分析与处理的路径为出错提示、原因分析、故障排除。

一、工业机器人故障信息提示

一个故障信息提示由下列部分构成：

（1）提示组

（2）提示时间

（3）提示编号

（4）起因

（5）提示文字

二、机器人故障提示表

为了能在表格中快速找到故障提示，提示号码（不同于显示屏上的显示）是放在第一位的。根据提示编号可以从表格中获得有关故障排除的信息。

（1）提示文字　给出显示屏的故障提示文字。

（2）原因　给出故障原因的进一步说明。

（3）查询　说明提示是什么时候给出的。

（4）影响　描述在出现故障时控制器的反应。

（5）应急措施　说明使用者可以存取什么措施来排除故障。

扫码看知识：

工业机器人的故障信息与故障处理

任务 16　智能制造系统故障发现与处理

项目 6　智能制造系统故障检修		任务 16　智能制造系统故障发现与处理	
姓名：	班级：	日期：	任务页　1

学习任务描述

　　智能制造系统集数字化、网络化、智能化技术于一体，结构复杂，控制精密，是制造领域的顶尖生产模式，是解放生产力的必要手段和趋势。智能制造系统整体及其设备之间有着高度的关联性，任何一个环节出现故障都会影响系统的正常运行，因此及时发现并排除其故障至关重要。本任务要求了解智能制造系统各部分常见故障的特点，掌握故障检查、故障分析，故障处理的知识和方法，以保证智能制造系统正常工作。

学习目标

　　1）了解智能制造系统各部分的常见故障现象。
　　2）检查并处理数控机床主轴和进给机构的常见故障。
　　3）检查并处理工业机器人的常见故障。
　　4）检查并处理 AGV、PLC、传感器的常见故障。

任务书

　　企业智能制造系统是数控机床、工业机器人、智能传感与控制装备、视觉检测装备、AGV 智能物流、智能仓储装备等智能制造装备的有机集合。请以智能制造系统各部分的常见故障为切入点，针对数控机床主轴和进给机构、工业机器人、AGV、PLC、传感器的常见故障，进行故障检查、故障分析、故障处理的工作实施。能够在系统生产线出现故障时准确找到故障原因，及时排除故障使系统生产线正常运转。智能制造系统生产线布局图及工作流程如图 16-1 所示。

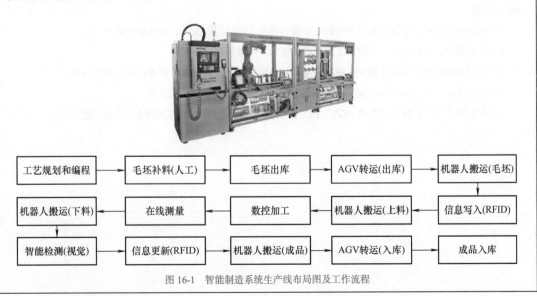

图 16-1　智能制造系统生产线布局图及工作流程

项目 6　智能制造系统故障检修		任务 16　智能制造系统故障发现与处理	
姓名：	班级：	日期：	任务页　2

任务分组

　　班级学生分组，可 4～8 人为一组，轮流担任组长，使每人都有机会锻炼自己的组织协调能力和管理能力。各组任务可以相同，也可以不同，任务分工见表 16-1。每人明确自己承担的任务，注意培养独立工作能力和团队协作能力。

表 16-1　任务分工

班级		组号		任务	
组长		时间段		指导教师	
姓名、学号	任务分工				备注

学习准备

　　1）通过信息查询了解智能制造系统的应用前景，对比国内外的发展历程，激发学生对专业的兴趣，培养民族自豪感。

　　2）根据技术资料了解智能制造系统的工作流程和各工作站协同关系，激发探索精神。

　　3）收集资料，小组讨论，了解智能制造系统各部分的常见故障现象。

　　4）在教师指导下，检查并处理数控机床主轴和进给机构的常见故障，培养认真的工作态度。

　　5）在教师指导下，检查并处理工业机器人的常见故障，培养举一反三的能力。

　　6）在教师指导下，检查并处理 AGV、PLC、传感器的常见故障，培养处理系统问题的能力。

项目6　智能制造系统故障检修	任务16　智能制造系统故障发现与处理
姓名：　　　　班级：	日期：　　　　　　信息页

获取信息

? 引导问题1：收集资料，列举智能制造系统生产线各单元的常见故障。

? 引导问题2：思考数控机床上的重要部件有哪些？它们可能会出现什么故障？如何处理？

? 引导问题3：查询资料，了解工业机器人零点标定的意义和标定方法。

? 引导问题4：现场调查了解AGV、传感器的常见故障类型和故障处理方法。

? 引导问题5：查阅资料，说明PLC故障诊断的特点和方法。

? 引导问题6：若机床主轴异常发热，请初步判断可能是由哪些原因引起的？

项目 6　智能制造系统故障检修	任务 16　智能制造系统故障发现与处理
姓名：　　　　班级：	日期：　　　　　　　　　　计划页

工作计划

　　按照任务书要求和获取的信息，制订智能制造系统故障发现与处理的工作计划，包括针对系统中数控机床、工业机器人、AGV、PLC、传感器等工作装置，发现故障，分析原因，处理故障，部件、工具准备，检查调试等工作内容和步骤。计划应考虑绿色、环保与节能要素。智能制造系统故障发现与处理工作计划见表 16-2，工具、器件计划清单见表 16-3。

表 16-2　智能制造系统故障发现与处理工作计划

步骤名称	工作内容	负责人

表 16-3　工具、器件计划清单

序号	名称	型号和规格	单位	数量	备注

　　? 引导问题 7：请写出工作实施中的安全注意事项。

项目6　智能制造系统故障检修	任务16　智能制造系统故障发现与处理
姓名：	班级：	日期：	决策页

进行决策

对不同组员的智能制造系统故障发现与处理的工作计划进行对比、分析、论证，整合完善，形成小组决策，作为工作实施的依据。做出计划对比分析记录，智能制造系统故障发现与处理工作决策见表16-4，工具、器件实施清单见表16-5。

记录：

表 16-4　智能制造系统故障发现与处理工作决策

步骤名称	工作内容	负责人

表 16-5　工具、器件实施清单

序号	名称	型号和规格	单位	数量	备注

项目 6　智能制造系统故障检修		任务 16　智能制造系统故障发现与处理	
姓名：	班级：	日期：	实施页　1

工作实施

　　智能制造系统是由智能机器和人类专家共同组成的系统，相当于自动化设备与智能"神经系统"的组合。作为智能制造系统的重要组成单元，数控机床、工业机器人、AGV、PLC、传感器等对系统的影响至关重要，对其常见故障进行发现检查、分析诊断、故障处理的工作内容和方法如下：

一、数控机床故障检查与维修

　　数控机床是智能制造系统的主要生产设备，其主轴、进给传动机构是结构复杂、精度高、控制技术含量高的重要部件，是故障检查的重要内容。

1. 主轴故障检查与处理

　　主轴是数控机床最重要的部件之一，主轴部件主要由主轴、主轴轴承、主轴卡盘（车床）、主轴准停装置等精密部件组成，如图 16-2 所示。主轴常见的故障现象、故障原因、故障处理方法如下：

图 16-2　主轴部件

　　（1）主轴定位故障情况　常见主轴定位故障情况见表 16-6。

表 16-6　常见主轴定位故障情况

故障现象	故障点	处理方法
主轴在定位点附近摆动	回转定位电位器	调整回转定位电位器
主轴摆动	定位传感器	调整定位传感器位置
产生误差或抖动	系统参数	修改控制单元参数

　　（2）主轴回转故障情况　常见主轴回转故障情况见表 16-7。

表 16-7　常见主轴回转故障情况

故障现象	故障点	处理方法
主轴停转或转速不稳	伺服系统报警	根据报警提示进行维修
	印制电路板设定错误	调整控制回路
	位置传感器	调整传感器
	传动部件有油污或老化	清洗油污或更换部件

项目 6　智能制造系统故障检修		任务 16　智能制造系统故障发现与处理	
姓名：	班级：	日期：	实施页　2

（3）主轴其他故障情况　常见主轴其他故障情况见表 16-8。

表 16-8　常见主轴其他故障情况

故障现象	故障点	处理方法
主轴异常噪声或振动	轴承缺油	补充润滑油
	动平衡块松动	调整平衡块
	电路故障	修复电路
主轴异常发热	前后轴承润滑油耗尽或过量	根据情况进行润滑油增减
	前轴承有损伤或混入异物	清除异物，更换油脂，或更换轴承

? 引导问题 8：当主轴不能定向移动或定向移动不到位时，应做哪些检查以判断故障原因？

小提示

当主轴不能定向移动或定向移动不到位时，需要检查定向控制电路的设置、定向板、主轴控制印制电路板以及位置检测器（编码器）的输出波形是否正常来判断编码器的好坏。

2. 进给传动机构故障检查与处理

进给传动机构是数控机床重要运动部件，主要由伺服电动机、滚珠丝杠和导轨等精密部件组成，伺服电动机、滚珠丝杠、双螺母消隙结构如图 16-3 所示，滑动导轨、静压导轨、滚动导轨如图 16-4 所示。

图 16-3　伺服电动机、滚珠丝杠、双螺母消隙结构

图 16-4　滑动导轨、静压导轨、滚动导轨

进给传动机构常见的故障现象、故障原因、故障处理方法如下：

（1）伺服电动机故障情况

1）机械振荡（加 / 减速时）。此类故障的常见原因有：

项目 6　智能制造系统故障检修		任务 16　智能制造系统故障发现与处理	
姓名：	班级：	日期：	实施页　3

①脉冲编码器出现故障。

②脉冲编码器十字联轴器可能损坏，导致轴转速与检测到的速度不同步。

③测速发电机出现故障。

2）机械运动异常快速（飞车）。出现此类故障时应同时检查位置控制单元和速度控制单元：

①脉冲编码器接线是否错误。

②脉冲编码器联轴器是否损坏。

③检查测速发电机端子伺服电动机是否接反和励磁信号线是否接错。

3）坐标轴进给时振动。应检查电动机线圈、机械进给丝杠同电动机的连接、伺服系统、脉冲编码器、联轴器、测速机。

4）出现 NC 错误报警。NC 报警中因程序错误、操作错误引起的报警。其原因可能是：

①主电路故障和进给速度太低引起。

②脉冲编码器不良。

③脉冲编码器电源电压太低。

④没有输入脉冲编码器的信号而不能正常执行参考点返回。

5）伺服系统报警。伺服系统故障时常出现的报警应检查：

①轴脉冲编码器反馈信号断线、短路和信号丢失，用示波器测 A、B 相的信号，看其是否正常。

②编码器内部故障，造成信号无法正确接收，检查其是否受到污染、变形等。

（2）滚珠丝杠故障情况　常见滚珠丝杠故障情况见表 16-9。

表 16-9　常见滚珠丝杠故障情况

故障现象	故障点	处理方法
滚珠丝杠噪声	轴承盖板压合不好	调整轴承盖板
	丝杠支承轴承损坏	更换轴承
	伺服电动机与丝杠联轴器松动	拧紧联轴器，锁紧螺钉
	丝杠润滑不良	改善润滑条件
	滚珠丝杠滚珠有破损	更换滚珠
滚珠丝杠运动不灵活	轴向预加载过大	调整间隙和预加载载荷
	丝杠与导轨不平行	调整丝杠支承座位置
	螺母轴线与导轨不平行	调整螺母座位置
	丝杠弯曲变形	校直丝杠

（3）导轨研伤情况　常见导轨研伤情况见表 16-10。

表 16-10　常见导轨研伤情况

故障现象	故障点	处理方法
导轨研伤	地基与床身不水平	调整床身导轨水平度

项目 6　智能制造系统故障检修		任务 16　智能制造系统故障发现与处理	
姓名:	班级:	日期:	实施页　4

（续）

故障现象	故障点	处理方法
导轨研伤	导轨局部磨损严重	合理分布工件的安装位置
	导轨润滑不良	增加导轨润滑油量
	导轨里进入异物	清洁导轨，保护好导轨防护装置

？引导问题 9：若脉冲编码器接线错误，伺服电动机会出现哪些故障状况？

二、工业机器人故障检查与维修

工业机器人是智能制造系统的主要工作设备，其结构复杂、精密度高、控制要求高，是故障检查的重要内容。

1. 零点丢失

1）零点标定的意义。工业机器人只有经过零点标定时，才能达到运动的点位精度和轨迹精度，并以编程设定的动作运动。如果工业机器人轴未经零点标定或零点丢失，则会严重限制工业机器人的功能，比如无法编程运行，不能在坐标系中移动和软件限位开关关闭等，对于零点丢失或已删除零点的工业机器人，软件限位开关已关闭，此时工业机器人可能会驶向终端止挡的缓冲器，由此可能使其严重受损。因此，尽可能不要去操作删除零点的工业机器人运动，或尽量减小运动的手动倍率。

2）如果编码器电池没失效，当工业机器人严重碰撞或进行机械修理之后需要进行零点标定，可以使用EMD 工具进行零点标定。

2. KUKA 工业机器人零点标定

工业机器人零点标定的预备状态设定：工业机器人不带负载，所有轴处于预调范围，未选择程序，运行方式在 T1 模式下。零点标定操作步骤如下：

1）在主菜单中选择"投入运行"→"调整"→"EMD"→"带负载校正"→"首次调整"，自动打开一个窗口。所有待零点标定轴都显示出来，编号最小的轴已被选定。

2）取下接口 X32 上的盖子，将 EtherCAT 电缆连接到接口 X32 和零点标定盒上，如图 16-5 所示。

3）从窗口中选定的轴上取下测量筒的防护盖（可用翻转的 SEMD 作为螺钉旋具），将 SEMD 拧到测量筒上，如图 16-6 所示。再将测量导线接到 SEMD 上，可以在电缆插座上看出导线应如何绕到 SEMD 的插脚上，如图 16-7 所示。

4）如果未进行连接，则将测量电缆连接到零点标定盒上。

5）单击"校正"。

6）按下"确认"开关和"启动"键。如果 SEMD 已经通过了测量切口，则零点标定位置将被计算。工业机器人自动停止运行，数值被保存。该轴在窗口中消失。

7）将测量导线从 SEMD 上取下，然后从测量筒上取下 SEMD，并将防护盖重新装好。

项目 6　智能制造系统故障检修		任务 16　智能制造系统故障发现与处理	
姓名：	班级：	日期：	实施页　5

图 16-5　电缆连接

图 16-6　将 SEMD 拧到测量筒上

图 16-7　接测量导线

8）对所有待零点标定的轴重复步骤 4）～ 7）。

9）关闭窗口。

10）将 EtherCAT 电缆从接口 X32 和零点标定盒上取下。

3. 紧急停止状态

1）原因：工业机器人急停按钮被按下，或外部设备给工业机器人急停信号。

2）解决办法：确认工业机器人急停按钮是否被按下，外部急停信号是否被触发。故障解除后可恢复。

4. 系统故障状态

1）原因：程序或参数设置错误，或硬件故障。

2）解决办法：尝试启动，如果无效，恢复到出厂设置，或根据系统信息提示进行硬件的诊断与更换。

5. 备份路径错误

检查备份路径，注意路径中不能含有中文。

6. 与 I/O 单元通信失效

1）原因：通信未供电，或 I/O 总线连接错误，或 I/O 单元硬件故障。

2）解决办法：首先检查 I/O 单元供电，从电源分配板开始测量，检查总线连接。

7. 位置超出范围

1）原因：在原点不正确的情况下移动工业机器人时会报此错误。

2）解决办法：重新校准机械零点。

8. 工业机器人控制柜故障

（1）故障现象

1）断路器不通电，确认电源已介入的情况下，控制柜不能上电。

2）示教器不通电，控制柜在上电后，示教器无显示。

3）示教器界面长时间无变化，示教器界面无法对操作做出反应。

4）机器人 I/O 模块无信号状态，输入信号给到工业机器人时，工业机器人无法做出回应。

（2）故障检查与处理

1）检查上级断路器是否合闸，若未合闸，闭合断路器。

2）打开柜门，根据控制柜接线图检查接线端子有无松动，若松动，则进行紧固。

3）检查主电路熔断器是否熔断，如果已熔断，则进行更换。

4）检查示教器电缆是否异常松动，若紧固后仍未解除故障，则更换示教器。

项目 6　智能制造系统故障检修		任务 16　智能制造系统故障发现与处理	
姓名：	班级：	日期：	实施页　6

5）示教器界面长时间无变化，可更换后面板或者主板。

6）根据控制柜的电气原理图，检查 I/O 模块供电接线，若供电正常，更换 I/O 模块。

7）更换模块后，工业机器人再次通电，测试工业机器人。

？引导问题 10：若零点丢失，工业机器人运行会出现哪些故障状况？

三、AGV 故障检查与维修

AGV 是智能制造系统的主要智能传送装置，其结构复杂、系统控制要求高，是故障检查的重要内容。

1. AGV 定位不准确

1）检查 AGV 电压是否正常，如果电压低于 10.5V，可能因动力不足导致定位不准。检查及处理：观察 AGV 本体上的显示屏，确认电压值并及时充电。

2）检查磁条铺设是否规范，如果磁条铺设不规范，可能会导致定位不准。检查及处理：目测或借助其他测量工具对磁条进行调整。

3）检查 AGV 本体的光电感应传感器，如果传感器故障，可能导致 AGV 无法定位。检查及处理：目测或用一字螺钉旋具进行微调并用万用表进行信号通断的测量。

4）检查芯片是否有磁性以及铺设是否规范，如果芯片消磁或铺设不规范会导致无法定位。检查及处理：用专用的 RFID 读写器测试芯片是否消磁，目测芯片是否贴正。

2. AGV 无动作

1）检查 AGV 与 PLC 通信是否正常，如果不正常，判定应该是网络故障。检查及处理方式：通过监控程序来判断是否正常，并确认 AGV 的 IP 地址是否与其他设备存在冲突，若有请及时更改。

2）检查路由器参数是否配置正确。检查及处理方式：使用计算机连接到路由器的 WAN 口上，输入用户名和密码，进入路由器的设置界面，核对参数，并用计算机测试通信正常（ping）。

3）核对 AGV 上有无线通信模块的通信参数以及参数是否正确。检查及处理方式：操作方式与核对路由器参数类似。

？引导问题 11：AGV 无线通信模块的通信参数应如何设置？若设置错误，会出现哪些状况？

四、PLC 故障诊断

PLC 是智能制造系统的主控制器，具有重要作用。由于 PLC 本身出现故障的可能性很小，系统的故障主要来自外围的元部件，这些故障可以用故障诊断方法分析，用软件实时监测，并对故障进行预报和处理。PLC 控制系统的故障诊断方法如下：

1. PLC 控制系统故障的宏观诊断

故障宏观诊断是根据经验分析发生故障的环境和现象来确定故障的部位和原因，根据总体检查流程图找出故障点的大方向，然后逐渐细化，直至找出具体故障点。PLC 控制系统故障宏观诊断方法如下：

项目 6　智能制造系统故障检修		任务 16　智能制造系统故障发现与处理	
姓名：	班级：	日期：	实施页　7

1）是否为使用不当引起的故障，如果属于这类故障，则根据使用情况可初步判断出故障类型、发生部位。常见的使用不当包括供电电源故障、端子接线故障、模板安装故障、现场操作故障等。

2）在检查 PLC 本身故障时，可参考 PLC 的 CPU 模板和电源模板上的指示灯。

3）若采取上述步骤还检查不出故障部位和原因，则可能是系统设计错误，此时要重新检查系统设计，包括硬件设计和软件设计。

2. PLC 控制系统的故障自诊断

故障自诊断是系统可维修性的重要设计，是提高系统可靠性的重要举措。故障自诊断主要采用软件方法判断故障部分和原因。不同控制系统故障自诊断的内容不同。PLC 有很强的故障自诊断能力，当 PLC 出现自身故障或外围设备故障时，都可用 PLC 上具有诊断指示功能的发光二极管的亮、灭来查找。

3. 电源故障诊断

电源灯不亮，需对供电系统进行诊断。如果电源灯不亮，首先检查是否有电，如果有电，则下一步检查电源电压是否合适，不合适就调整电压，若电源电压合适，则下一步检查熔丝是否烧坏，如果烧坏就更换熔丝，如果没有烧坏，下一步检查接线是否有误，若接线无误，则应更换电源部件。

4. 运行故障诊断

电源正常，运行指示灯不亮，说明系统已因某种异常而终止了正常运行。

5. 输入 / 输出故障诊断

输入 / 输出是 PLC 与外部设备进行信息交流的通道，其是否正常工作，除了和输入 / 输出单元有关外，还与连接配线、接线端子、熔丝等元件状态有关。

6. 指示诊断

LED 状态指示器能提供许多关于现场设备、连接和 I/O 模块的信息。大部分输入 / 输出模块至少有一个指示器。输入模块常设电源指示器，输出模块则常设一个逻辑指示器。

五、传感器故障检查与处理

1. 传感器供电错误

首先检查传感器电源是否正常，使用万用表测量传感器两端电源电压是否正常，如果出现供电不正常的问题，应查找电路的接线是否正常。

2. 传感器损坏

传感器正常供电后，测试传感器的输出是否正常。根据传感器的种类选择合适的测试工具，例如金属传感器，则用金属材料靠近传感器，使用万用表测量输出端是否输出正常。如果在传感器供电正常的情况下没有正常输出，则可以判断传感器损坏，需要更换传感器。

3. 线路错误

在传感器供电正常并且输出测试也正常的情况下，若工业机器人仍然不能正常运行，则需要检查传感器输出线到控制器之间的线路是否正常，测量传感器检测到物体时控制器是否有信号输入。根据工业机器人停止位置初步判断单元模块，根据电气原理图查找单元模块上的传感器 I/O 信号是否存在断路、短路情况。

项目 6　智能制造系统故障检修		任务 16　智能制造系统故障发现与处理	
姓名：	班级：	日期：	检查页

检查验收

　　根据智能制造系统工作情况，对故障象限进行分析评价找到故障点，用恰当的方式进行故障处理。本次检查验收设置加工中心主轴故障一处，验收评价包括分析故障点的准确性、处理方式的恰当性、维修过程的熟练度和维修效果等，并将验收问题及其整改措施、完成时间进行记录。验收标准及评分见表 16-11，验收过程问题记录见表 16-12。

表 16-11　验收标准及评分

序号	验收项目	验收标准	满分分值	教师评分	备注
1	数控机床主轴、进给机构故障排查	对主轴、进给机构故障分析合理，措施有效	20		
2	工业机器人故障处理	零点标定、紧急状态等处理正确	20		
3	AGV 故障处理	AGV 动作和停位正确	20		
4	PLC 故障诊断	输入 / 输出信号正常	20		
5	传感器故障检查	检查处理方法正确	10		
6	工作环节	对故障现象发现及时、原因和诊断分析合理，处理有效	10		
合计			100		

表 16-12　验收过程问题记录

序号	验收问题记录	整改措施	完成时间	备注

项目 6　智能制造系统故障检修		任务 16　智能制造系统故障发现与处理	
姓名：	班级：	日期：	评价页

评价反馈

　　各组展示作品，介绍任务的完成过程并提交阐述材料，进行学生自评、学生组内互评、教师评价，完成考核评价。考核评价见表 16-13。

　　? 引导问题 12：在本次任务完成过程中，你解决了哪些故障问题？举一反三，尝试自行完成系统中其他故障的分析与解决方案。

表 16-13　考核评价

评价项目	评价内容与标准	满分分值	自评 20%	互评 20%	教师评价 60%	合计
职业素养 40 分	具有职业道德、安全意识、责任意识、服从意识	8				
	积极承担任务，按时完成工作页	8				
	积极参与团队合作，主动交流发言	8				
	遵守劳动纪律，现场"6S"行为规范	8				
	具有劳模精神、劳动精神、工匠精神	8				
专业能力 60 分	具备信息检索、资料分析能力	10				
	制订计划做到周密严谨	10				
	按照规程操作，精益求精	10				
	独立工作能力强，团队贡献度大	10				
	分工协作好，工作效率高	10				
	质量意识强，任务验收质量好	10				
合计		100				
创新能力 20 分	创新性思维和行动	20				
总计		120				

教师签名：　　　　　　　　　学生签名：

项目 6　智能制造系统故障检修		任务 16　智能制造系统故障发现与处理	
姓名：	班级：	日期：	知识页

相关知识点： 智能制造系统维护，数控机床主要部件，工业机器人减速器与电动机更换，AGV 无线模块设置

一、智能制造系统维护

为了排除系统运行中发生的故障和错误，软、硬件维护人员要对系统进行修改与维护，系统维护的目的是保证系统的正常运作。

1）系统应用程序维护。

2）数据维护。

3）代码维护。

4）硬件设备维护。

5）信息系统维护。

二、数控机床主要部件

1. 主轴系统

2. 进给传动机构

3. 主轴拆解

三、工业机器人减速器与电动机更换

1. 减速器与电动机更换注意事项

2. 工业机器人本体减速器和电动机的更换步骤

四、AGV 无线模块设置

1. 无线模块恢复出厂设置

2. 连接模块

3. USR-W610 模块参数设置

扫码看知识：

智能制造系统维护，数控机床主要部件，工业机器人减速器与电动机更换，AGV 无线模块设置

附 录

附表 1 《智能制造系统集成应用（中级）》学业评价汇总

班级：

学号	姓名	项目 1				项目 2			项目 3		项目 4			项目 5		项目 6	
		任务 1	任务 2	任务 3	任务 4	任务 5	任务 6	任务 7	任务 8	任务 9	任务 10	任务 11	任务 12	任务 13	任务 14	任务 15	任务 16

附表2 1+X 职业技能等级证书（智能制造系统集成应用）配套系列教材（初级）目录

《智能制造系统集成应用（初级）》活页式教材摘要

载体：DLIM-441 智能制造系统集成应用平台，DLIM-DT01 数字化双胞胎技术应用平台，MES 软件，工具软件

建议学时：80～100 学时（课程学习）；60～80 学时（1+X 证书培训）

学习项目	学习任务	工作内容
项目1 智能制造系统认知	任务1 智能制造历史了解	智能制造概念，主要国家智能制造发展史，中国制造强国战略，传统制造升级
	任务2 智能制造系统主要组成及功能	智能制造系统及各单元的组成和功能，包括数控机床、工业机器人、智能检测、智能仓储、电气控制系统、供气系统、安全防护等单元
	任务3 智能制造系统安全防控与应急处理	智能制造系统中数控机床、工业机器人、AGV 等单元的安全保护装置、安全防控与应急处理
项目2 数控机床单元安装与调试	任务4 数控机床防护门改造与安装	智能制造系统中数控机床防护门的气缸安装和与控制气路连接调试，传感器的连接调试
	任务5 数控机床摄像头安装与调试	数控机床内摄像头的安装与调试
	任务6 数控机床在线测量装置安装	数控机床在线测量装置测头的安装与调试
项目3 工业机器人单元安装与调试	任务7 工业机器人单元机械部分安装	工业机器人单元中机器人行走平台、机器人本体、机器人末端机构（夹具及其快换装置）、夹具放置架、RFID 信息读写台的机械安装
	任务8 工业机器人控制系统安装	机器人本体、控制柜、示教器的连接与调试，工业机器人单元电气控制回路和气动控制回路安装
项目4 智能制造系统其他单元安装与调试	任务9 AGV 路径设置	AGV 路径桌面磁条的铺设，芯片的位置固定，小车的定位
	任务10 仓储单元机械手调试	机械手安装，电气线路连接，步进电机的调试，机械手限位信号检查与测试
	任务11 视觉系统安装与调试	视觉系统的相机安装，软件安装，编程测试，相机角度的调整
	任务12 传感器安装与调试	传输带、位置传感器、力觉传感器的安装和调试，包括三轴机械手传感器、夹具台传感器、机器人原点传感器安装与调试
	任务13 RFID 功能测试	RFID 读写器安装和电气线路连接，RFID 电子标签读写功能测试
项目5 智能制造系统各单元基本操作	任务14 数控机床基本操作	数控机床回零、对刀、程序调用、在线测量等基本操作
	任务15 工业机器人基本操作	工业机器人坐标系设定，示教器输入程序，单轴运动及线性运动，物料定点搬运
	任务16 PLC 软件安装与基本指令编程	西门子 TIA Portal 编程软件安装，PLC 硬件组态及基本逻辑指令编程
	任务17 触摸屏组态与简单编程	触摸屏与 PLC 的连接通信，建立数据库，设计画面，变量连接，下载调试
	任务18 MES 认知与部署	MES 功能与作用，数据库环境搭建，MES 系统安装，MES 软件部署

(续)

《智能制造系统集成应用（初级）》活页式教材摘要		
学习项目	学习任务	工作内容
项目6 智能制造系统维护保养	任务19 数控机床日常保养与维护	数控机床的日常保养与维护规范，数控机床一级、二级、三级保养
	任务20 工业机器人日常保养与维护	工业机器人的日常保养与维护规范，工业机器人一级、二级、三级保养
	任务21 智能制造系统日常维护	智能制造系统日常保养、系统点检和润滑
项目7 智能制造系统仿真软件应用	任务22 数字化仿真软件认知	认识数字双胞胎的软硬件，数字化仿真技术发展，了解软件功能，导入模型
	任务23 数字化仿真软件使用	数字化仿真软件的基本应用，地址映射，通信连接与调试

附表3　1+X职业技能等级证书（智能制造系统集成应用）配套系列教材（高级）目录

《智能制造系统集成应用（高级）》活页式教材摘要		
载体：DLIM-441智能制造系统集成应用平台，DLIM-DT01数字化双胞胎技术应用平台，MES软件，工具软件		
建议学时：80～100学时（课程学习）；60～80学时（1+X证书培训）		
学习项目	学习任务	工作内容
项目1 智能制造系统集成设计	任务1 智能制造系统生产工艺流程规划	根据零件图和生产要求，规划智能制造加工工艺流程
	任务2 智能制造系统控制方案设计	根据生产工艺流程，设计零件加工智能制造系统控制方案，包括各工序系统控制方案
	任务3 智能制造系统集成规划与设备配置	根据产品、工艺、控制要求，进行系统集成规划与设备配置，包括对工业机器人、数控机床、主控PLC、立体仓储、AGV、RFID、工业视觉系统、在线测量等选择与集成
项目2 智能制造系统编程与调试	任务4 主控PLC与RFID通信编程	安装及设置RFID读写器，通过PLC组态及编程实现对电子标签信息读写通信
	任务5 主控PLC与AGV通信编程	AGV路径规划，运行程序写入和通信，路径测试
	任务6 视觉系统编程与调试	视觉系统的工业相机标定、光源亮度调整，视觉系统程序编写，物料智能识别
	任务7 PLC与工业机器人、视觉系统联合调试	视觉与工业机器人通信程序编写，信息反馈与控制，基于形状识别的工业机器人编程与调试
项目3 智能制造系统联合调试	任务8 智能制造系统IP地址分配与测试	PLC、触摸屏、MES系统等系统控制器与数控机床、工业机器人、AGV、立体仓库、工业相机等各设备单元的IP地址分配与测试
	任务9 主控PLC与各单元之间互联与编程调试	主控PLC控制各个单元工作的编程，单机运行调试，全线联调
	任务10 MES与各单元之间系统联调	MES通信、信号采集，MES对各单元的控制，与各单元之间的系统联调

（续）

《智能制造系统集成应用（高级）》活页式教材摘要

学习项目	学习任务	工作内容
项目4　智能制造系统智能加工与生产管控	任务11　智能制造系统设备管理与生产统计	操作MES系统进行设备管理、生产统计，分析设备运行状况
	任务12　MES排程与加工管理	用MES通过手动排程和自动排程方式下单，进行基础管理、订单管理、仓储管理、设备管理
	任务13　优化系统生产节拍	计算生产节拍、生产运行效率，调整PLC控制、机器人路径、数控机床效率，优化工艺流程和节拍
	任务14　智能制造系统仿真运行管理	在数字双胞胎系统进行3D模型导入，IO信号关联，通信连接PLC、机器人、MES系统，进行调试和管理
	任务15　产品生命周期管理认知	产品全生命周期管理基本内容、应用特点，西门子Teamcenter软件安装、用户设置、业务对象、数据查询、工作流程等系统操作，项目风险管控、方案优化
项目5　智能制造系统质量控制	任务16　零件精度检测	在线测量装置，复杂零件加工精度检测，在线测量系统运行
	任务17　零件误差补偿	加工误差原因分析，零件误差补偿方法
	任务18　零件加工工艺优化	用加工参数调整等方法优化加工工艺，工艺分析及加工参数选择
项目6　智能制造系统维护管理	任务19　智能制造系统维保手册编制	技术维护手册的编制规范、编制要求、内容构成，以及系统操作手册、维护保养手册、安全操作规范、使用说明书等技术资料
	任务20　智能制造系统网络通信故障排查与维修	系统中常见故障的诊断、排查及维修方法，包括PLC通信、MES系统通信、触摸屏通信、硬件联接时可能出现的软硬件故障，
	任务21　智能制造系统运行与维护	系统中数控机床日常维护、工业机器人编码器电池维护、AGV移动机器人电源维护等常规电气元件的维护，安全文明生产
	任务22　智能制造系统各工作单元、MES服务器日常管理	工业机器人、电气设备、MES等系统各工作单元的安全检查、维护保养、异常情况处理，包括通信连接、运行状态、安全装置、数据管理等

参考文献

[1] 济南二机床集团有限公司.智能制造系统集成应用职业技能等级标准 [Z].2021.

[2] 中德栋梁教育科技集团.DLIM-441 智能制造系统集成应用平台 [Z].2020.

[3] 王亮亮.全国工业机器人技术应用技能大赛备赛指导 [M].北京：机械工业出版社，2017.

[4] 谭志彬.工业机器人操作与运维教程 [M].北京：电子工业出版社，2020.

[5] 钟苏丽，刘敏.自动化生产线安装与调试 [M].北京：高等教育出版社，2017.

[6] 穆国岩.数控机床编程与操作 [M].3 版.北京：机械工业出版社，2020.

[7] 王士军，董玉梅.数控机床故障诊断与维修 [M].北京：科学出版社，2018.

[8] 郑维明.智能制造数字孪生机电一体化工程与虚拟调试 [M].北京：机械工业出版社，2020.

[9] 梁乃明.数字孪生与数字化工厂　套装共 2 册 [M].北京：机械工业出版社，2020.

[10] 中德栋梁教育科技集团.DLIM-DT01B 数字化双胞胎技术应用平台手册 [Z].2020.

[11] 韩相争.PLC 与触摸屏、变频器、组态软件应用一本通 [M].北京：化学工业出版社，2018.

[12] 刘敏，钟苏丽.可编程控制器技术项目化教程 [M].2 版.北京：机械工业出版社，2011.

[13] 王爱民.制造执行系统（MES）实现原理与技术 [M].北京：北京理工大学出版社，2014.

[14] 黄培.MES 选型与实施指南 [M].北京：机械工业出版社，2020.

[15] 黄志坚.电气伺服控制技术及应用 [M].北京：中国电力出版社，2016.

[16] 任志斌，林元璋，钟灼仔.交流伺服控制系统 [M].北京：机械工业出版社，2018.

[17] 中德栋梁教育科技集团.DLRB-342910 桌面 AGV 说明手册 [Z].2019.